高等学校软件工程专业系列教材

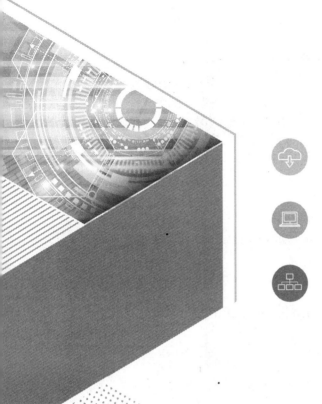

U0285902

软件工程实践教程

◎ 冯健文 乐 杰 李旅军 苗利明 主编

清華大学出版社
北京

内 容 简 介

本书是教育部产学合作协同育人项目的成果,以中国软件工程知识体系 C-SWEBOK 知识域为基础,基于 OBE 理念和课程思政要求,以软件产业职业岗位为培养目标导向,分为理论、实践和案例三部分。本书特色鲜明,知识体系完善,强调知识、能力与素质培养质相融合,理论与实践相融合,应用性强。

本书可作为计算机、软件工程、物联网、信息安全等理工科专业的教材使用,也可供感兴趣的学生和学者参考。

图书在版编目(CIP)数据

软件工程实践教程/冯健文等主编.—北京:清华大学出版社,2023.1(2023.9重印)
高等学校软件工程专业系列教材
ISBN 978-7-302-62504-9

Ⅰ.①软… Ⅱ.①冯… Ⅲ.①软件工程—高等学校—教材 Ⅳ.①TP311.5

中国国家版本馆 CIP 数据核字(2023)第 016677 号

责任编辑:贾 斌
封面设计:刘 键
责任校对:申晓焕
责任印制:宋 林

出版发行:清华大学出版社
　　　　网　　　址:http://www.tup.com.cn,http://www.wqbook.com
　　　　地　　　址:北京清华大学学研大厦 A 座　　邮　　编:100084
　　　　社 总 机:010-83470000　　邮　　购:010-62786544
　　　　投稿与读者服务:010-62776969,c-service@tup.tsinghua.edu.cn
　　　　质量反馈:010-62772015,zhiliang@tup.tsinghua.edu.cn
　　　　课件下载:http://www.tup.com.cn,010-83470236
印 装 者:三河市科茂嘉荣印务有限公司
经　　销:全国新华书店
开　　本:185mm×260mm　　印　张:11.75　　　　字　　数:289 千字
版　　次:2023 年 3 月第 1 版　　　　　　　　　　印　　次:2023 年 9 月第 2 次印刷
印　　数:1501～3000
定　　价:39.00 元

产品编号:098237-01

前　言

　　人类社会正在进入以数字化生产力为主要标志的发展新阶段,软件是新一代信息技术的灵魂,在数字化进程中发挥着重要的基础支撑作用,正加速向网络化、平台化、智能化方向发展,驱动云计算、大数据、人工智能、5G、区块链、工业互联网、量子计算等新一代信息技术迭代创新、群体突破。软件产业的发展需要大量人才的支持。软件工程学科的设立,软件工程知识体系 SWEBOK 的完善,以及示范性软件学院的建设,都表明软件工程教育的重要性。

　　本书立足未来软件工程人才培养的需要,以中国软件工程知识体系 C-SWEBOK 为基础,强调知识、能力与素质培养的融合,课程思政与专业学习的融合,理论与实践的融合,并吸收了优秀软件企业东软集团的技术和实践经验。特色在于以软件产业职业岗位为社会需求,基于 OBE 育人理念,加强学生的专业知识学习、职业能力培养、高阶思维锻炼和道德品质养成。

　　全书由冯健文整体策划、制订提纲、统稿和定稿。各章分工如下:第一部分中的第 1 章和第 6 章由冯健文、乐杰编写,第 2~4 章由苗利明编写,第 5 章由李旅军编写,第 7 和第 8 章由周泽寻编写,第二部分由编写组集体完成,第三部分和附录由冯健文、乐杰编写,东软集团参与全书定稿工作。

　　本书是在清华大学出版社相关领导、专家及编辑的信任、指导、支持和帮助下完稿并出版的。同时,本书是教育部产学合作协同育人项目"新工科背景下的软件工程课程改革"(201702043036)、广东省高等教育教学改革项目"基于产教融合的师范院校人才协同培养机制实践研究"(粤教高函〔2020〕20 号)、2021 年韩山师范学院质量工程建设项目"软件工程课程教学团队"和广东省一流线上线下混合课程"软件工程"的研究成果,并参考了国内外软件工程相关研究成果及教材。在此,谨致谢意!

本书编写组

2023 年 1 月

目 录

第一部分 软件工程原理

第三部分　软件工程应用案例

第一部分　软件工程原理

第1章 概　述

学习目标

1. 了解软件工程学科和产业发展历程；
2. 了解软件工程典型应用；
3. 了解软件工程职业岗位和职业道德；
4. 了解主要软件工程方法；
5. 理解软件危机和软件工程原理；
6. 理解软件生命周期计划；
7. 掌握软件工程概念；
8. 树立坚持中国特色社会主义思想和求真、力行的理念，尊重科学规律，培养严肃的科学研究态度，增强责任意识，培养自律理念。

人类社会经历了农业革命、工业革命，正在经历信息革命。当前，信息技术发展日新月异，以数字化、网络化、智能化为特征的信息化浪潮蓬勃兴起。信息技术与生物技术、新能源技术、新材料技术等交叉融合，正在引发以绿色、智能、泛在为特征的群体性技术突破。加快信息化发展，建设数字国家已经成为全球共识。没有信息化就没有现代化。软件是新一代信息技术的灵魂，是数字经济发展的基础，是制造强国、网络强国、数字中国建设的关键支撑。

自 1969 年 IBM 公司开始将软件作为商品独立销售以来，软件产业蓬勃发展，软件应用渗透到各行各业和人们生活中，软件工程学科逐步完善，软件人才供不应求。同时，软件的需求、规模、质量等挑战对软件理论、技术和管理提出新要求，软件工程学科、产业、人才等相关工作已成为世界各国的战略国策。

1.1　软件产品

1.1.1　软件

计算机应用开始的时候，软件就是程序，是能在硬件执行的指令集。但随着信息技术的发展，软件必须包括文档才能做好开发和维护工作，还要加上必要的数据结构以支持程序运行，当人工智能逐步兴起，程序开始细分为"程序＋算法"。未来软件的定义肯定还会有新的变化，以适应人类社会的发展。

R. S. Pressman 对软件的定义是：软件是能够完成预定功能和性能的可执行的计算机程序，包括使程序正常执行所需要的数据，以及有关描述程序操作和使用的文档。我国《计算机软件保护条例》(2013 年 1 月 30 日生效)中的软件定义是：计算机软件是指计算机程序及其有关文档。其中计算机程序是指为了得到某种结果而可以由计算机等具有信息处理能力的装置执行的代码化指令序列，或者可以被自动转换成代码化指令序列的符号化指令序列或符号化语句序列。同一计算机程序的源程序和目标程序为同一作品。文档是指用来描述程序的内容、组成、设计、功能规格、开发情况、测试结果及使用方法的文字资料和图表等，如程序设计说明书、流程图、用户手册等。

1.1.2　软件保护

软件是人们创造的一种劳动成果，是一种知识产权。软件开发者拥有软件的著作权，受到法律保护。软件著作权人可以向国务院著作权行政管理部门认定的软件登记机构办理登记。软件登记机构发放的登记证明文件是登记事项的初步证明。软件著作权人享有下列各项权利：

- 发表权，即决定软件是否公之于众的权利；
- 署名权，即表明开发者身份、在软件上署名的权利；
- 修改权，即对软件进行增补、删节，或者改变指令、语句顺序的权利；
- 复制权，即将软件制作一份或者多份的权利；
- 发行权，即以出售或者赠予方式向公众提供软件的原件或者复制件的权利；
- 出租权，即有偿许可他人临时使用软件的权利，但是软件不是出租的主要标的的除外；
- 信息网络传播权，即以有线或者无线方式向公众提供软件，使公众可以在其个人选定的时间和地点获得软件的权利；
- 翻译权，即将原软件从一种自然语言文字转换成另一种自然语言文字的权利；
- 应当由软件著作权人享有的其他权利。

软件著作权人可以许可他人行使其软件著作权，并有权获得报酬。软件著作权人可以全部或者部分转让其软件著作权，并有权获得报酬。由国家机关下达任务开发的软件，著作权的归属与行使由项目任务书或者合同规定；项目任务书或者合同中未作明确规定的，软件著作权由接受任务的法人或者其他组织享有。自然人在法人或者其他组织中任职期间所开发的软件有下列情形之一的，该软件著作权由该法人或者其他组织享有，该法人或者其他组织可以对开发软件的自然人进行奖励：

- 针对本职工作中明确指定的开发目标所开发的软件；
- 开发的软件是从事本职工作活动所预见的结果或者自然的结果；
- 主要使用了法人或者其他组织的资金、专用设备、未公开的专门信息等物质技术条件所开发并由法人或者其他组织承担责任的软件。

1.1.3　软件产品管理

当软件作为产品进行生产、销售时，必须符合国家相关法律法规，加强对产品质量的监督管理，提高产品质量水平，明确产品质量责任，保护消费者的合法权益，维护社会经济秩序。

《软件产品管理办法》定义：软件产品是指向用户提供的计算机软件、信息系统或者设备中嵌入的软件或者在提供计算机信息系统集成、应用服务等技术服务时提供的计算机软件。其中国产软件是指在我国境内开发生产的软件产品。进口软件是指在我国境外开发，以各种形式在我国生产、经营的软件产品。

值得注意的是，单位或者个人自己开发并自用的软件以及委托他人开发的自用专用软件并不属于软件产品。软件产品实行登记和备案制度，必须按照《软件产品评估标准》进行评估认定。

软件产品的开发、生产、销售、进出口等活动应当遵守我国有关法律、法规和标准规范。软件产品生产单位所生产的软件产品应当是本单位享有著作权或者经过著作权人或其他权利人许可其生产的软件。任何单位和个人不得开发、生产、销售、进出口含有下列内容的软件产品：侵犯他人知识产权的，含有计算机病毒的，可能危害计算机系统安全的，不符合我国软件标准规范的，含有法律、行政法规等禁止内容的。

1.2　软件工程发展

1.2.1　软件工程定义

相比计算机硬件，软件不是物理的，而是逻辑的，在开发、生产、维护和使用等方面都与硬件有截然不同的特点。一是软件质量与成本和软件项目的人员业务能力素质、团队管理等密切联系，使得软件的研发带有较大不确定性；二是软件成为可使用的产品后，通过复制即可产生效益，在互联网环境下，共享很容易快速、低成本地产生巨大收益；三是软件不会老化磨损，但软件结构复杂，维护起来比硬件困难。随着软件规模的增长，软件的复杂度增加，软件可靠性却会下降，软件质量难以保障，软件成本难以控制。例如，1985 年美国空军每 100 美元计算机投资中，软件部分超过 90 美元。很多大型软件的维护费用占软件总费用的三分之二。更严重的是容易造成安全事故。例如，由于 X 光设备软件缺陷造成医疗事故，软件登录功能缺陷造成用户信息泄露，还有著名的"阿里亚娜-5"型火箭发射失败事件等。

虽然软件与硬件特点差异大，但都必须有质量要求。随着社会发展，软件质量的定义不断更新，2001 年国际标准化协会发布的 ISO 9126 标准定义软件质量为正确性、可靠性、有效性、可用性、可维护性、可移植性，在 2011 年该标准变更为 ISO/IEC 25010，增加了安全性和兼容性。在质量意识下，人们逐步意识到软件是一种产品，要有标准化的质量标准，必须采用工程化的原理与方法对软件进行分析、开发和维护，以保证软件质量，并提高软件生产率和效益。

1968 年北大西洋公约组织召开计算机科学会议，学者 Fritz Bauer 首次正式提出"软件工程"概念，认为应该"使用正确的工程方法，按时开发出成本低、可靠性好并在机器上高效运行的软件，解决或缓解软件危机问题"，开启了"软件工程"发展之路。在人们探索以工程化的原理与方法开发软件的历程中，提出了多种软件工程的定义，逐步形成了"软件工程"学科，对软件产业的发展起到推动作用。

IEEE(1993)定义软件工程为：将系统的、规范的、可量化的方法应用于软件的开发、运行和维护的过程；以及上述方法的研究。

其中，"系统的"代表软件工程应涵盖学术和技术，包括原则、方法、技术、工具、管理、培训等多方面；"规范的"表示软件工程实践应符合权威公认的标准规范；"可量化的"是指工程化的软件项目必须进行度量,包括规模、复杂度、质量、计划管理、成本估算、风险评估等。

软件工程方法的研究泛指软件工程原理和方法在理论上的探索,指用工程、科学和数学的原则与方法研制、维护计算机软件的有关技术及管理方法。例如,1996 年 Wasserman 提出至今仍有重要影响的 8 个方法:抽象、分析、设计方法及表示;用户界面原型化;软件体系结构;软件工程模型;软件复用;软件度量;软件工具;环境。值得关注的还有软件工程知识体系(Software Engineering Body of Knowledge,SWEBOK),奠定了软件工程成为独立学科的基础。

1.2.2 软件工程学科

2001 年,IEEE 发布了 SWEBOK(V1),全面描述了软件工程实践所需的知识,促进了软件工程学科建设与教育体系的完善,其由全世界 500 多位来自大学、科研机构和企业界的专家、教授共同编写。2009 年推出 SWEBOK(V2),2015 年推出 SWEBOK(V3)。SWEBOK 把软件工程划分为 4 个教育基础知识域、11 个实践知识域和 7 个辅助学科领域。教育基础知识域包括数学基础、计算基础、工程基础、软件工程经济学,实践知识域包括软件需求、软件设计、软件构造、软件测试、软件维护、软件配置管理、软件工程管理、软件工程过程、软件工程模型和方法、软件质量、软件工程职业实践,辅助学科领域包括计算机科学、计算机工程、数学、质量管理、项目管理、管理科学、系统工程。

鉴于企业对于软件人才的需求激增,教育部高等学校软件工程专业教学指导委员会在 SWEBOK 3.0 增加了软件服务工程、软件工程典型应用两个知识域,建立了中国版软件工程知识体系 C-SWEBOK,形成了一套独立的知识体系。C-SWEBOK 共包含软件需求、软件设计、软件构造、软件测试、软件维护、软件配置管理、软件工程管理、软件工程模型与方法、软件工程过程、软件质量、软件工程经济学、软件服务工程、软件工程典型应用、软件工程职业实践、计算基础、工程基础、数学基础 17 个知识域,122 个知识单元。SWEBOK 和 C-SWEBOK 梳理了软件工程相关的知识体系,是学习软件工程的基础指南。

我国软件工程学科起步于 20 世纪 80 年代,以计算机软件专业招生,1998 年软件工程专业(专业代码为 080611W)正式批准本科招生,2001 年教育部开始试办示范性软件学院,2011 年软件工程(080835)增设为一级学科,标志着软件工程学科迎来规范发展的新阶段,2012 年软件工程专业(080611W)和计算机软件专业(080619W)合并为软件工程专业,专业代码变更为 080902,属计算机一级学科。

目前,软件工程学科已发展为计算机科学与技术、数学、工程学、管理学等相关学科的交叉性学科,已形成较完整的理论与工程技术体系,课程体系基本明确,高端人才培养能力基本形成,创新型复合型人才的社会需求不断增长。软件工程涉及软件产业、信息产业和现代服务业,代表未来社会产业发展方向。

软件工程所包含的二级学科如下。

(1) 软件工程理论与方法:在计算机科学和数学等基本原理的基础上,研究大型复杂软件开发、运行和维护的理论和方法,以及形式化方法在软件工程中的应用,主要包括软件语言、形式化方法、软件自动生成与演化、软件建模与分析、软件智能化理论与方法等内容。

(2) 软件工程技术:研究大型复杂软件开发、运行与维护的原则、方法、技术及相应的支撑工具、平台与环境,主要包括软件需求工程、软件设计方法、软件体系结构、模型驱动开发、软件分析与测试、软件维护与演化、软件工程管理以及软件工程支撑工具、平台与环境等内容。

（3）软件服务工程：研究软件服务工程原理、方法和技术，构建支持软件服务系统的基础设施和平台，主要包括软件服务系统体系结构、软件服务业务过程、软件服务工程方法、软件服务运行支撑等内容。

（4）领域软件工程：研究软件工程在具体领域中的应用，并在此基础之上形成面向专业领域的软件工程理论、方法与技术，主要包括领域分析、领域设计、领域实现、应用工程等内容。

1.2.3 软件工程发展史

从软件产品质量的角度，软件工程的发展大致划分为以下四个阶段。

1. 软件产品的孵化期

软件是在硬件之上运行的，从概念上可知，程序是软件的灵魂。计算机硬件和编程语言的发展也影响着软件工程的发展。硬件方面，兰德公司的 UNIVAC 大型机、IBM 的模块化系列大型机成功研发展示了计算机在商业的巨大作用。汇编语言对程序编写方式的改变是革命性的，可以编写科学计算和军事方面的小型应用软件，但因严重依赖硬件环境，很难编写大型应用。高级语言的出现才使软件进入社会各个应用领域。1954 年 FORTRAN、1958 年 ALGOL 和 LISP、1959 年 COBOL、1964 年 BASIC 等高级语言的发明，开始推动软件进入军事、商用、科学计算，甚至游戏和艺术等应用领域。在军事上的应用如美国赛其半自动地面防空系统（SAGE）、IBM 开发的 SABRE 飞机预订系统。在软件开发方法上，20 世纪 60 年代产生了软件工艺（software crafting）的理念，与硬件开发相比，软件开发可以依靠几个编程能力强的人员通过短时间集中编程，开发出能使用但存在很多缺陷的软件，称为"code-and-fix"开发方法。而 IBM 等大公司则采用非常严谨但时间长、可靠性高的软件开发方法，最终研发出著名的 S/360 系列计算机和软件系统。总体上开发方法属于过程式编程。

软件研发开始脱离硬件开发任务成为独立的项目，1955 年，计算机惯用法公司（CUC）成为世界第一家独立的软件服务公司，随后美国计算机科学公司（CSC）、应用数据研究公司（ADR）、英国计算机分析员和程序员公司（CAP）等软件公司的成立预示着软件产品时代即将到来，到 1967 年，美国约有 2800 家软件服务公司。

起初软件都是随硬件免费附送或付费定制的，使用的客户唯一。1965 年，ADR 公司实现了程序流程图软件 Autoflow 销售给数千个用户，标志着软件走向产品化。此外，ADR 公司考虑软件未经授权被复制的情况，为 Autoflow 申请了一项专利，这是首个软件产品专利。而开发出第一个数据库产品 Mark IV 的 Informatics 公司则制定了"软件许可证协议"，许可用户对软件有使用权。促使软件行业进入商业时代的标志性事件，却是 ENIAC 专利诉讼案和 IBM 捆绑软硬件销售反垄断诉讼案，使得软件不再强制依据计算机硬件存在和销售，可以多样化发展。此时，软件产品的生产、定价、销售、维护和使用等法律保护已基本具备。

2. 软件产品的标准化

20 世纪 70 年代，软件在所有的领域都开始广泛应用，安全防护软件开始出现，并出现垂直应用，如银行、保险。一些现在的世界级软件公司开始创办，如苹果、微软、甲骨文、SAP

等。硬件上,小型和微型计算机开始普及,发明了软盘外部存储器。高级语言迎来大爆炸时代,几乎每月都出现新的语言,著名的有 Pascal、C、Smalltalk、Prolog、SQL 等。软件开发方法上,使用非结构化方法,Royce 提出了瀑布模型开发流程。

进入 20 世纪 80 年代,IBM 推出个人计算机,并搭配微软的 MS-DOS 操作系统,著名的 UNIX 操作系统出现。

软件开发方法上,Dijkstra 提出了"GOTO 语句有害"的观点:滥用 GOTO 语句会使高级语言的可读性退化到了汇编语言的级别,随后 Bohm 证明了只用顺序、控制(if)和循环(while,for)三种控制结构就能实现任何单输入单输出的程序,逐渐形成了结构化程序设计的思想。

1987 年,Osterweil 提出了"软件过程也是软件"的重要观点,例如,修改顺序瀑布模型为并发任务可显著提高软件生产率,开启了以过程为中心的软件工程时代。卡内基·梅隆大学软件工程研究所于 1984 年成立,1989 年发表软件过程研究专著 *Managing the Software Process*,随后制定软件能力成熟度模型(CMM),推进软件质量评估的发展。此间,华为于 1988 年在深圳成立,经过几代人不懈努力,现已成为生产通信设备、网络设备、手机和其他产品的全球化公司。

20 世纪 90 年代是互联网的时代,蒂姆·伯纳斯·李 1991 年发表关于万维网的论文,并后续发明了超文本标记语言(HTML)、超文本传输协议(HTTP)及首个网页浏览器。Java、Visual Basic、PHP、JavaScript 等编程语言逐步流行。基于新内核、图形化界面的 Windows 3.1 操作系统和开源操作系统 Linux 发布。"千年虫"问题和互联网的出现,迫使 20 世纪 70—90 年代开发的软件更新和淘汰,很多公司把这些"遗留软件"的维护业务转给第三方企业,促进软件外包业务迅速扩张。

软件开发方法上,软件复用和软件生产率受到重视,面向对象方法可用于软件工程的全过程,各阶段联系自然,因极大提高软件开发效率得到发展和普及,相关的过程模型,如统一过程(RUP)在大型软件项目普遍使用。而随着互联网的普及,分布式软件应用越来越多,软件更新的速度加快,需要更灵活且符合标准规范的软件开发方法,把零件、生产线和装配运行的概念运用在软件生产时,可以把需要的软件功能抽象和隔离成为构件,按项目要求组装构件实现软件功能。现有很多广泛使用的构件模型标准,主要有甲骨文的 Enterprise JavaBeans(EJB)标准、Microsoft 的 COM＋标准和 CORBA 标准。20 世纪 70—90 年代是软件产品所有相关事物蓬勃发展、百花齐放的阶段,随着软件危机的出现和"软件工程"概念的提出,软件质量日益受到重视,软件工程的标准化得到较大发展,建立了软件工程学科与专业,软件过程开发形成共识,促进结构化方法、面向对象方法和基于构件方法的完善和应用,开源(Open Source)的软件开发模式变得流行,软件质量度量方法开始应用,软件外包模式和 COTS(Commercial Off-The-Shelf)集成技术普及,软件生产率大幅提高。

3. 敏捷的软件产品

进入 21 世纪,互联网已成为世界发展的基础平台,2008 年中国网民规模达到 2.98 亿,人们使用互联网的应用领域广泛,软件需求变更速度很快,软件产品开发方法又迎来了革命性的发展。2001 年 2 月,17 位软件开发领域的领军人物发布《敏捷宣言》,Scrum 和极限编程(XP)等敏捷开发方法在中小型软件开发中逐步普及,团队软件过程(TSP)和个人软件过程(PSP)开始使用。

信息孤岛的大量存在使得互联网上的异构集成问题难以解决,跨域的信息化建设必定产生高昂的应用成本。许多异构系统之间的数据源仍然使用各自独立的数据格式、元数据以及元模型。面向对象的模型是紧耦合的，封装粒度小，耦合度高，难以实现大规模、高层次的重用。构件与开发语言紧密联系，导致接口标准不统一，不同开发语言实现的系统之间很难实现互操作。传统方法难以解决非结构化的内容。面向服务的开发方法应时而生，它采用松散耦合方式和统一的数据交换标准，使得企业可以按照模块化的方式来添加新服务或更新现有服务，以解决新的业务需要。基于 XML 的 Web service 成为使用广泛的面向服务标准。

2005 年 11 月 17 日，在突尼斯举行的信息社会世界峰会（WSIS）上，国际电信联盟（ITU）发布了《ITU 互联网报告 2005：物联网》，正式提出了"物联网"的概念。依托射频识别（RFID）技术、传感器技术、纳米技术、智能嵌入技术，世界上所有的物体，从轮胎到牙刷、从房屋到纸巾都可以通过互联网主动进行交换。物联网产生了很多新形态的软件应用，同时还产生了大量的数据，尤其是非结构化数据。

互联网和物联网巨大数据量给用户分析应用带来很大经济压力，于是提出了在互联网上提供具备计算资源的服务。2003 年，谷歌发表 GFS、BigTable、MapReduce 云计算关键技术论文，2006 年亚马逊推出弹性计算云服务，正式开启了云时代。云计算提供软件即服务、平台即服务和基础设施即服务。云服务把软件产品的商业模式从商品供需模式转换为服务供需模式，软件从按件销售变为按服务需要收费，符合现代社会大力发展服务业的趋势，是软件行业的一次巨大变革。

21 世纪开端，软件工程就迎来了敏捷开发方法、面向服务开发方法，以及物联网和云计算的迅速发展，还有"一切即服务"的软件新理念，维基百科、众包、社交网络等新的软件应用开始流行，这是在互联网成熟阶段软件工程发展的新特征——以尽可能满足用户需求为目标。

4. 软件定义的软件产品

2010—2020 年是"软件即世界"的时代开篇，2011 年 Netscape 创始人马克·安德森发表《软件正在吞噬整个世界》，认为当今的软件应用无所不在，并且正在吞噬整个世界，未来 10 年，预计将有更多的行业被软件所瓦解。这 10 年虽然只是"云大物智"融合发展的起步阶段，但已经产生许多深刻影响社会发展的新应用，4G/5G 和网络建设的迅猛发展，软件开发方法进入"云和大数据"时代，人工智能和区块链技术取得较大进步，新冠病毒感染疫情的突然到来加速了教育信息化的发展。中国开始迈入信息化强国之列。2020 年中国数字经济市场规模达 39.2 万亿元，工业互联网市场规模达 9164.8 亿元，物联网市场规模达 1.7 万亿元，人工智能市场规模达 3031 亿元，网络安全市场规模达 1702 亿元，网络教育市场规模达 4858 亿元。

2015 年是信息化政策发布的重要时间节点。习近平总书记在乌镇的第二届世界互联网大会上提出推进全球互联网治理体系变革的四项原则和共同构建网络空间命运共同体的五点主张。国务院发布《"互联网＋"行动指导意见》，明确了推进"互联网＋"，促进创业创新、协同制造、现代农业、智慧能源、普惠金融、公共服务、高效物流、电子商务、便捷交通、绿色生态、人工智能等若干能形成新产业模式的重点领域发展目标任务。《中共中央关于制定国民经济和社会发展第十三个五年规划的建议》指出：实施网络强国战略，实施"互联网＋"行动计划，发展分享经济，实施国家大数据战略。此外，人工智能 2016 年首次被写进两会工作报告,国务院发布《新一代人工智能发展规划》,制定了中国人工智能在未来十多年的战略部署。

2020年我国已建成全球规模最大的光纤网络和4G网络,固定宽带家庭普及率达96%,全国行政村、贫困村通光纤和通4G比例均超过98%。5G网络的建设速度和规模位居全球第一,已建成5G基站达71.8万个,5G终端连接数超过2亿。移动互联网用户接入流量达0.16EB(艾字节)。国家域名数量保持全球第一位。北斗三号全球卫星导航系统开通,全球范围定位精度小于10米。

云计算产业进入成熟期,产业规模达2091亿元。云计算为大多数网站、移动应用、视频服务、游戏服务和电子商务提供后台支撑,已经成为互联网应用发展的智能基础设施,在工业转型升级、智慧城市建设、食品药品监管、环境污染检测等领域也得到了广泛应用,有效提升了公共服务水平。云计算给软件架构、融合新技术、算力服务、管理模式、安全体系、数字化转型等带来深刻变革。

中国大数据产业和应用也发展良好。中国数据总量以年均50%的速度增长,成为数据资源大国。华为、南大通用等企业推出自主的大数据基础平台产品,阿里、百度、腾讯等一批互联网企业单集群规模达到上万台,具备了建设和运维超大规模大数据平台的技术实力,百度、科大讯飞等企业在深度学习、人工智能、语音识别等领域掌握了关键技术。数据清洗加工、数据交易、数据分析即服务等新业态新模式不断涌现。大数据应用于网络社交、电商、广告、搜索等业务中,大幅度提升了网络服务的个性化和智能化水平。电信、金融、交通、工业、物流、医疗、农业等领域的大数据应用快速发展。

人工智能在计算机视觉、机器学习、智能语音、自然语言处理、知识图谱等关键技术支持下,在多个场景全面应用,尤其是城市管理场景。2020年,我国人工智能各项技术中计算机视觉占比29%,数据挖掘占比14%,机器学习占比12%,智能语音占比11%,自然语言处理占比6%。

进入2020年,"软件定义"开始成为新一代软件开发方法。我国《"十四五"软件和信息技术服务业发展规划》认为软件定义是新一轮科技革命和产业变革的新特征和新标志,是驱动未来发展的重要力量。自计算机发明以来,软件必须依赖硬件运行,"硬件定义软件应用"使得软件无法脱离硬件独立发展。软件定义就是通过虚拟化将软件和硬件分离出来,将服务器、存储和网络三大计算资源池化,最终实现将这些池化的虚拟化资源进行按需分割和重新组合。软件定义的理念是一切皆可为服务,如软件定义计算、软件定义存储、软件定义网络等。软件定义扩展了产品的功能,变革了产品的价值创造模式,催生了平台化设计、个性化定制、网络化协同、智能化生产、服务化延伸、数字化管理等新型制造模式,推动了平台经济、共享经济蓬勃兴起。

软件开发能力随着软件工程学科的发展和硬件环境的增强不断提高,但在人类社会进步的背景下,软件产品的功能和性能要求快速变化。软件从业人员必须以问题导向和创新发展的思想,坚持科学求真的态度,刻苦钻研软件工程原理,改革软件研发方法,以满足人民日益增长的美好生活需求为目标,研发高质量的软件产品。

1.3 软件工程原理

1.3.1 软件工程三要素

软件工程的理论和方法多来自大量的软件工程项目实践,1983年Barry W.Boehm提出公认的软件工程 7 条基本原理,这些原理相互独立,是确保软件质量和开发效率的最小集合。

- 用分阶段的生命周期计划严格管理;
- 坚持进行阶段评审;
- 实行严格的产品控制;
- 采用现代程序设计技术;
- 结果应能清楚地审查;
- 开发小组的人员应该少而精;
- 承认不断改进软件工程实践的必要性。

这些原理在实践应用中逐步形成了现代软件工程的三个基本要素:过程、方法和工具。过程是分阶段生命周期计划,回答"如何实施、如何管理";方法是完成软件开发各项任务的技术,回答"如何做";工具是提供了自动的或半自动的软件支撑环境,回答"用什么做"。过程体现软件项目总体目标,方法与工具融合实现具体目标,三者都受到软件质量的约束。深刻理解软件工程基本要素,可以加深对软件工程理论与实践的认识,也对规划学习路径很有帮助。

1.3.2 软件工程过程

由组织或项目使用的,用于计划、管理、执行、监控、控制和改进软件相关活动的过程或过程的集合称为软件工程过程,简称软件过程。ISO 9000 把软件过程定义为:把输入转化为输出的一组彼此相关的资源和活动。软件过程中的时间顺序由软件生命周期定义。软件生命周期包含了从软件需求到可交付软件产品中涉及的若干软件过程,以及时间周期。生命周期是软件生产工程化的基础,在生命周期内,软件过程是分层次的,可划分为若干个大的阶段,每个阶段根据需要再划分小的任务,每个阶段或任务都有明确的技术和管理评审,决定软件项目是继续推进、停止或返工等。对于软件过程阶段的不同技术和管理要求与策略,形成了多种软件生命周期模型,如瀑布、螺旋、敏捷等。图 1-1 是一种瀑布软件生命周期模型,包括分析、设计、实现和交付四个软件过程。

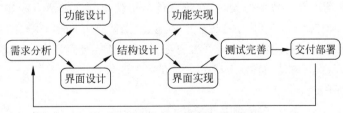

图 1-1 瀑布软件生命周期模型例子

1.3.3 软件工程方法

1. 启发式方法

(1) 结构化方法。

结构化方法是过程式或函数式方法的代表,基本思想是"自上而下,逐步求精",采用模块化设计理念,把一个复杂的系统拆分,化繁为简,形成一个一个的更简单的部分,以利于解决问题。结构化方法开启了需求导向的项目理念,坚持开发过程工程化、文档化和标准化。开发过程严格区分不同工作阶段,每个阶段都有明确的任务和成果,强调阶段评审。结构化方法学采用"函数＋三种基本控制结构"的结构化编码方式,是 20 世纪 70 年代兴起的主流方法。

(2) 面向对象方法。

面向对象的开发方法是自底而上的、以对象为中心的方法。对象封装数据和对数据的操作行为,可进行对象分类和继承,支持软件开发的模块化、可复用和信息隐藏。以对象为中心的理念和人类观察与分析社会事物非常相近,提高了软件的可理解性,尤其适合大型软件项目。对象之间可通过消息互相调用,进而实现软件需求功能。在面向对象开发过程中,分析、设计、实现三个阶段界限并不明确,可建立一个全面的、合理的、统一的模型,提高了标准化程度。

(3) 面向服务方法。

面向服务方法是面向对象方法的延伸,源于对互联网上异构系统的集成需要。其服务建模分为服务发现、服务描述和服务实现三个阶段。服务必须使用标准化的服务描述规约对软件构件或子系统进行封装,并在互联网上以 URI 注册发布。服务请求者通过网络查找发现需要的服务,并通过绑定该服务 URI 实现调用服务功能。面向服务方法是松耦合的方法,具有跨平台、跨语言、跨不同开发方法的集成优点。

2. 形式化方法

形式化方法是指以软件开发的正确性为目标,建立在严格数学基础上的软件开发方法。形式化方法模型的主要活动是生成计算机软件形式化的数学规格说明。形式化方法使软件开发人员可以应用严格的数学符号来说明,开发和验证基于计算机的系统。

形式化描述可以通过计算机技术进行自动处理,进行一致性的检查和证明,提高需求分析的效率和质量。通过形式化描述,需求分析的质量大大提高,很多自然语言描述无法避免的缺陷在需求分析阶段就会被发现,并得到解决,从而降低后期开发和维护的成本,并提升软件的质量和可靠性。

3. 敏捷方法

敏捷方法是一种强调快捷、小文档、轻量级的软件开发方法。强调开发过程中发生变化的必然性,通过合理机制有效响应变化,实现软件的更快更新。敏捷方法非常适应中小型互联网软件的开发。敏捷方法的理念是凸显个体能力、团队交互和用户合作,以可用软件为目标,要求对响应变化的执行力高。敏捷开发方法是一组轻量级开发方法的总称,包括 XP 极限编程、Scrum、Crystal 方法、DSDM 动态系统开发方法等。

4. 模型驱动开发方法

模型驱动开发方法是基于模型驱动架构(Model Driven Architecture,MDA)的开发方法,代表软件开发模式从以代码为中心向以模型为中心转变。MDA 是一种基于统一建模语言(UML)、可扩展标记语言(XML),公共对象请求代理体系结构(CORBA)等一系列业界开放标准的框架,能够创建出计算机可读和高度抽象的模型,而这些模型独立于实现技术,以标准化的方式存储。

MDA 的目标是为应对业务和技术的快速变化提出的一种开放、中立的系统开发方法和一组建模语言标准的集合,其最终目的是构建可执行模型,实现软件的工厂化生产。MDA 环境下的系统开发方式就是在开发活动中通过创建各种模型精确描述不同的问题域,并利用模型转换来驱动包括分析、设计和实现等在内的整个软件开发过程。

1.3.4 软件工程工具

1. 软件项目分析设计工具

- Microsoft Visio：绘制流程图和示意图的软件。
- Rational Rose：面向对象的统一建模语言的可视化建模工具。
- Edraw Max：基于矢量绘图，专业制作各种应用图形的设计软件。
- MindMaster：多平台思维导图软件。
- XMind：思维导图和头脑风暴软件。
- microsoft project：项目管理工具。
- edraw project：项目管理软件。
- Redmine：基于 Web 的项目管理软件。

2. 软件开发工具

- PowerDesigner：数据库设计工具。
- spring tool suite：基于 eclipse 的、开发 spring 应用的定制的开发环境。
- IntelliJ IDEA：JAVA IDE 编程工具。

3. 软件项目测试工具

- Postman：API 接口测试工具。
- Jmeter：纯 Java 的开源测试工具。
- LoadRunner：预测系统行为和性能的负载测试工具。
- gitee：基于 Git 的代码托管和协作开发平台。

4. 软件部署工具

- SecureCRT：支持 SSH(SSH1 和 SSH2)协议的终端仿真软件。
- Xshell：安全终端模拟软件。
- Putty：SSH 和 telnet 客户端。
- Bitvise SSH Client：支持 SSH 和 SFTP 的 Windows 客户端。
- DameWare SSH：免费 SSH 客户端。

1.4 软件工程职业

1.4.1 软件工程职业技能

职业技能是指在职业环境中，以合理、有效地运用专业知识、职业价值观、道德与态度的各种能力。职业标准是职业技能评估的重要参考，是根据职业的活动内容，对从业人员工作能力水平的规范性要求，是从业人员从事职业活动，接受职业教育培训和职业技能鉴定的主要依据，也是衡量劳动者从业资格和能力的重要尺度。职业技能评估是按照国家规定的职业标准，通过政府授权的考核鉴定机构，对劳动者的专业知识和技能水平进行客观公正、科学规范的评价与认证的活动。软件工程职业标准通常由专业的、权威的、知名的软件组织或社团发布。如国际标准化组织分技术委员会（ISO/IEC JTC1 SC7）、中国软件行业协会等。

大学生是否具备良好的职业技能，是能否顺利就业的前提。因此，就业前应提前了解软件职业岗位的国家或组织团体职业标准,也可加入软件组织,提升专业知识。

除了专业知识外,软件工程职业还必须具备许多非专业技能。

1. 职业道德

职业道德是一种内在的、非强制性的约束机制,是人们在进行职业活动过程中,一切符合职业要求的心理意识、行为准则和行为规范的总和。职业道德将根据法律和社会规范不断调整和完善。软件工程职业道德至少包括职业责任、知识产权(商标、版权、专利等)、商业秘密、法律许可、犯罪、疏漏等。

例如,软件从业人员都应该具备计算机软件保护意识,熟悉相关法律法规。软件开发者,是指实际组织开发或直接进行开发,并对开发完成的软件承担责任的法人或者其他组织;或者依靠自己具有的条件独立完成软件开发,并对软件承担责任的自然人。软件著作权人,是对软件享有著作权的自然人、法人或者其他组织。

2. 团队合作

软件工程项目通常以团队合作开展,因此从业人员必须能与他人进行合作与沟通,共同完成项目任务。图 1-2 是软件工程项目团队的构成。

图 1-2　软件工程项目团队的构成

团队有不同类别的职业岗位,有不同的工作职责,要所有人员一起完成一个软件工程项目是不容易的。良好的团队应具有共同的目标、认同的团队文化、执行力以及内聚力等。而个人在团队中,必须有清晰的个体认知,就是认可团队文化、愿意为团队目标工作、有效解决问题的能力等。

3. 交流沟通

有效沟通对于软件工程项目成功完成至关重要。通常项目经理的重要工作是协调与沟通,尽可能在规定的时间内,把团队成员联系起来实现项目目标。而软件工程项目不仅涉及团队内部人员,还要与客户、合作者、代理商等团队外部相关方进行沟通。因此,软件工程职业标准中,良好的口头表达、阅读、写作,甚至相关的文档制作、组织能力、仪态着装、处置冲突问题方式等沟通交流能力,都成为交流沟通的重要内容。

对于在校的大学生或刚工作的软件工程从业人员来说,建议要重点培养以下能力和素质:思维逻辑能力、主动学习能力、独立解决问题能力、抗压能力、沟通表达能力、团队协作能力、责任心和上进心等。

对于专业技术能力方面，建议要经常去了解软件工程职业岗位任职要求，及时调整和优化学习计划，做好就业准备，表 1-1 列出 Java 技能与职业岗位的对应关系。

表 1-1　Java 技能与职业岗位的对应关系

	专业技能	属性	职业岗位	企业考核	薪酬
Java	SpringMVC、Oracle、MySQL、sqlserver、XML、Servlet/JSP、Ajax、SSH/SSM、SVN/GIT、Linux	必备	后端开发工程师、前端开发工程师、数据库开发	Java 语言基础、框架基础、项目经验（项目整体流程的把握）、编程逻辑与思维、学习能力、沟通能力、行业热爱程度、自我职业规划	初级人员薪资开发：6000～9000 元实施运维：4000～6000 元测试：5000～6000 元
	JavaScript、Jquery、Zepto.js、python、Ruby、软件测试流程、系统运维、网络工程、大数据、Maven、easyui	加分项			

1.4.2　软件工程就业岗位

为更好体现岗位要求对职业规划的指导性，信息筛选的条件为：选择包含各一二线城市，工作年限为 3～5 年。

1. 软件架构师

薪资范围：2.5 万～3.5 万元/月。

岗位职责：

（1）主导产品的软件架构，保证架构设计能够满足产品的功能需求、性能需求、可靠性需求、可维护性需求和可扩展性需求；

（2）负责技术选型（包括框架选择、公共模块、数据存储等）；

（3）参与需求分析、系统分析及业务建模；

（4）进行平台架构设计、开发和维护以及过程中产生的文档编写（架构设计文档、概要设计文档等）；

（5）负责组织技术评审与把关，组织难点攻关，主导 Code Review；

（6）促进团队技术进步与创新，参与公司技术研发体系的搭建。

任职要求：

（1）5 年以上 JavaEE 项目开发经验，扎实的 Java 编程基础，精通但不限于 Springboot、Dubbo、Zookeeper、Redis、Kafa、Flumes 等开源框架及产品；

（2）3 年以上架构设计经验，具有良好的软件工程知识与编码规范意识；

（3）具备优秀的文档能力，清晰明了地表达架构意图，能够熟练编写各类技术文档；

（4）对于云计算（如 SaaS、PaaS、IaaS 等）、大数据领域、人工智能等领域有较深入的了解，有网络安全系统/平台相关工作背景者优先考虑；

（5）具有 SaaS/PaaS 平台开发经验，精通一种或多种架构的能力和经验，如微服务架构等；

（6）思路清晰、善于思考、学习能力强、责任心强、具备良好的团队合作精神；

（7）取得软件资格（水平）考试证书的，优先录用。

2. 软件开发工程师

薪资范围：3万～4万元/月。

岗位职责：

(1) 从事公司电力行业应用或平台软件的研发工作；

(2) 依据客户需求完成软件系统开发工作；

(3) 负责代码的编写、系统重构以及系统的性能优化与改进；

(4) 参与项目的需求分析、系统设计、编码、项目内测试及相关文档编写工作；

(5) 参与开发过程中相关新技术的研究和验证。

任职要求：

(1) 具有计算机、软件工程、通信、自动化等相关专业硕士及以上学历；

(2) 精通 Java 或 C++ 语言，对数据结构和算法有一定了解，两年以上实际开发工作经验；

(3) 熟悉数据库的增删改查操作，具有数据统计分析程序开发经验；

(4) 具有 Linux 环境下编程、调试经验；

(5) 满足以下一条或多条者优先考虑：

- 具有电力、工业控制行业软件系统研发经验者；
- 取得软件资格（水平）考试证书的，优先录用；
- 了解 Qt 界面组件、信号槽机制、多线程等，有使用 Qt 进行跨平台编码经验；
- 熟悉 JS/AJAX/HTML5/CSS 等前端开发技术；
- 熟悉 Redis、RocketMQ、Kafka 等中间件技术；
- 熟悉 Spring Cloud、Spring boot 等微服务开发框架；
- 熟悉阿里云、华为云等云端程序开发、调试流程；
- 熟悉容器技术，具有独立制作镜像、部署容器实例、在容器环境中调试程序的经验；
- 熟悉大数据技术，具有 CDH、分布式存储、MPP 数据库、MapReduce 并行框架等技术的开发使用经验。

3. 软件测试工程师

薪资范围：1万～2万元/月。

岗位职责：

(1) 编写测试计划、规划详细的测试方案、编写测试用例；

(2) 搭建和维护测试环境，执行测试工作，编写测试报告；

(3) 对测试中发现的问题进行详细分析和准确定位，与开发人员讨论缺陷解决方案；

(4) 对测试结果进行总结与统计分析，对测试进行跟踪，并提出反馈意见；

(5) 为业务部门提供相应技术支持，确保软件质量指标。

任职要求：

(1) 计算机、电子、通信等专业本科及以上学历，3 年以上测试经验；

(2) 熟悉软件测试理论、测试流程、测试用例设计方法及缺陷管理等，并掌握测试相关文档编写方法；

(3) 熟悉嵌入式产品测试，掌握基本 Linux 命令；

(4) 具有摄像头模组、机器视觉行业测试经验，桌面软件测试经验，嵌入式设备测试经验的优先考虑；

（5）取得软件资格（水平）考试证书的，优先录用；

（6）具有较强的责任感及沟通能力，工作态度积极主动，具有良好的团队合作精神、主动学习能力。

4．运维工程师

薪资范围：1.2万～1.5万元/月。

岗位职责：

（1）维护交换机、路由器等网络设备，确保网络安全、正常运行；

（2）负责公司网络、PC、打印机、复印机等的安装和日常维护；

（3）协助安全员定期监控网络防火墙，防止公司网络被木马、病毒入侵，并积极协助各部门进行数据备份和数据归档；

（4）协助安全员对网络和系统出现的断网、系统崩溃等异常状况进行分析、处理并采取积极、有效的应对措施；

（5）指导和配合设备部门实施与网络相关的弱电工程；

（6）协助上级登记办公硬件资产（如笔记本电脑、复印机、打印机、投影仪等）的使用情况记录；

（7）严禁对外泄露公司相关数据后台密码等信息。

任职要求：

（1）学历：本科及以上。

（2）专业：计算机相关专业，软件工程专业优先。

（3）工作经验/行业经验/本岗位经验：计算机相关专业毕业应届生。

（4）知识/技能：精通Windows操作系统、计算机办公软件、会配置网络及打印机。

（5）外语程度：英语CET4。

（6）计算机能力：熟练操作Office软件、Photoshop、AI等。

（7）出差频率：偶尔出差。

（8）取得软件资格（水平）考试证书的，优先录用。

（9）其他：良好的逻辑分析判断能力；能适应快节奏与高强度的工作。

5．解决方案经理

薪资范围：2万～2.8万元/月。

岗位职责：

（1）负责市场信息收集、行业需求调研、行业发展分析等市场分析，为公司提供市场分析报告；

（2）负责调研目标客户实际需求，围绕客户需求提供整体方案规划设计；

（3）负责项目立项方案、投标文件、解决方案、汇报PPT、报价清单等售前材料的编写；

（4）负责协助商务与客户进行技术交流、产品演示、讲解、答疑；

（5）负责协助商务拉通各方资源，完成方案的商务落地。

任职要求：

（1）本科及以上学历，5年以上同岗位经验，有大型软件系统经验，计算机、软件工程专业；

（2）具有同行业软件、集成解决方案工作经验，主导过平安城市、智慧城市方案设计者优先；

（3）具备独立的方案规划及设计能力，能够独立面对甲方完成需求调研、方案设计；

（4）有 AI 算法、视频大数据应用或能源行业相关解决方案经验者优先。

6. 软件售前工程师

薪资范围：0.8 万～1.2 万元/月。

岗位职责：

（1）售前领域：负责计算机软件领域的售前技术支持。

（2）项目策划：负责对接重点行业大客户，挖掘需求，做好项目策划，制定计算机软件项目行业解决方案，打造标杆项目，参与行业规范制定。

（3）方案制作：负责配合相关部门完成项目建设内容规划、售前技术文档准备和售前技术交流，为客户提供需求分析、方案规划、方案交流与技术确认、项目组织管理等全面的支持服务。协助市场人员配合客户完成政务计算机软件项目资金申请等材料编制。

（4）商务支持：配合公司完成市场机会分析工作；负责组织完成项目招标方案编制、投标方案的报价方案、技术方案制作。

（5）培训工作：负责政务计算机软件行业政策解读、行业技能、技术培训等工作。

（6）完成公司交办的其他工作。

任职要求：

（1）大专及以上学历，计算机、软件工程等相关专业，3 年以上计算机软件售前从业经验。

（2）具备较全面的计算机软件专业知识结构，熟悉主流体系结构、软件开发技术、常用操作系统及数据库、应用平台中间件等技术和产品知识。

（3）能够独立承担计算机软件项目的技术交流、业务咨询、技术引导、方案编写等工作；擅长对外沟通理解需要并维持良好的客户关系。

（4）具备良好的沟通表达能力、逻辑分析能力和文档编写能力，文字功底扎实，能独立撰写文档；熟练运用 Office 系列办公软件、Visio 制图软件等常用软件。

（5）具备较强的人际交往能力、沟通能力、语言表达能力、应变能力以及解决问题的能力；具备优秀的服务意识，抗压能力强，保密意识强，责任心强，具有良好的团队合作精神。

复习思考题

1. 若任互联网搜索软件工程岗位，请归纳岗位的薪资、职责和任职要求之间的关系，并思考达成岗位任职要求的学习计划。

2. 分析违反软件职业职业道德的案例，分析其违规事实、法律依据和应吸取的教训。

3. 查阅软件产业社团组织，分析其职能、会员制度及发布的职业标准。

4. 由两个以上的自然人、法人或者其他组织合作开发的软件，其著作权的归属怎么划分？

5. 软件著作权的有效期如何定义？

6. 以学习为目的使用软件，是否要经软件著作权人许可，并向其支付报酬？

7. 软件只有著作权是否可以销售？软件产品评估有什么优点？

8. 理解软件定义，解释软件定义数据中心与云计算的联系。

9. 什么是软件定义计算？尝试探索更多软件定义的模式。

10. 比较结构化方法、面向对象方法的区别与联系。

11. 比较面向对象、基于构件和面向服务方法的区别与联系。

12. 分析敏捷方法的应用场景和优缺点。

第2章　软件过程

学习目标

1. 理解软件过程的概念,掌握基本的软件过程;
2. 具有根据开发软件的特点选择软件过程的能力;
3. 会运用基本的软件过程进行项目开发;
4. 培养良好的职业素养和行为规范;
5. 培养良好的团队合作意识和竞争意识;
6. 认识到提高自身能力对国家软件行业发展的重要性。

2.1　软件过程概述

软件过程由一组把输入工作产品转换成输出工作产品的相关活动和任务组成。软件过程的描述主要包括输入、工作活动转换和输出三部分,涉及软件过程管理、软件过程基础设施等知识点。软件过程是为了获得高质量软件所需要完成的一系列任务的框架,它规定了完成各项任务的工作步骤。简单地说,软件过程就是为了开发出客户需要的软件而在完成开发任务时进行的一系列开发活动,并且使用适当的资源(如人员、时间、计算机硬件、软件资源等),在过程结束时把输入(例如,软件需求)转换为输出(例如,软件产品)。因此,ISO 9000把过程定义为:“使用资源将输入转换为输出的活动所构成的系统。”过程指事情进行或事物发展所经过的程序;在质量管理学中“过程”定义为:利用输入实现预期结果的相互关联或相互影响的一组活动(百度百科 https://baike.baidu.com/item)。理解“过程”的定义,可以帮助理解软件过程的定义。软件过程定义了运用方法的顺序、应该交付的文档资料、为保证软件质量和协调变化所需要采取的管理措施,以及标志软件开发各个阶段任务完成的里程碑。

软件过程是以生命周期模型为基础的,它包括软件开发方法、技术、所使用的工具,以及开发团队。不同的软件开发组织(或软件开发团队)采用的软件开发过程是各不相同的,开发不同的软件,采用的软件过程也是不相同的。各种软件过程本质上并没有优劣之分,只是应用的条件不一致。我们在开发软件时要根据开发软件的类型、规模、资源配置等情况选择合适的软件过程,有时要在软件开发的不同阶段运用不同的软件过程。辩证唯物主义认为运动是绝对的、永恒的;静止是相对的、暂时的。动中有静,静中有动,世界上一切事物的存在和发展,都是绝对运动和相对静止的统一。因此,下面首先介绍“被认为”是传统的软件过程的瀑布模型(软件过程也常常被称为软件模型)。瀑布模型是软件生命周期模型的典型代表,最能清晰地体现软件生命周期过程。在学习中要注意:不要片面地、过分地强调某个软件过程的优势,更不要由于是某个知名软件开发组织使用了某一个软件过程而盲目追随。

2.2　瀑　布　模　型

瀑布模型是较早的软件开发过程模型,它起源于更一般的系统工程过程(Royc,1970),在 20 世纪 80 年代之前,瀑布模型一直是唯一被广泛采用的软件过程模型,现在它仍然是软件工程中应用得非常广泛的过程模型。

因为瀑布从一个阶段到另一个阶段,这个模型因此以"瀑布模型"得名。在瀑布模型中各项活动按自上而下,相互衔接的固定次序,如同瀑布逐级下落。每项活动均处于一个迭代循环(输入-处理-输出-评审)中。瀑布模型是计划驱动软件过程的典型,在开始工作之前,必须对所有的过程活动制订计划并给出进度安排。瀑布模型中的主要阶段,如图 2-1 所示。

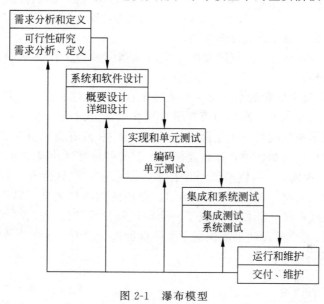

图 2-1　瀑布模型

1. 需求分析和定义

通过咨询系统用户并借助需求分析工具建立系统的服务、约束和目标,并对需求进行详细的描述和定义,形成需求分析文档。

2. 系统和软件设计

设计过程首先是通过建立系统的总体体系结构将需求映射为软件系统结构,然后再详细设计与需求及其业务流程相对应的功能、算法,以及软件内部对象(模块)之间的接口、软件与运行环境之间的配置。

3. 实现和单元测试

根据软件设计、采用某种计算机语言实现设计中的对象(模块),实现结果为一组程序或程序单元。单元测试就是对某一较完整的功能模块或程序进行检验,检验其是否符合其描述。

4. 集成和系统测试

集成单个的程序单元或一组程序,并对系统整体进行测试以确保其满足了软件的需求。在测试之后,软件系统将交付给客户使用。

5. 运行和维护

交付是软件组织和用户共同完成的,是软件开发过程的最后阶段。维护是许多软件组织的首要任务。有些软件使用了 10 年、15 年甚至 20 年,人们仍在对其进行不断地修改以满足客户的需求。有的软件在成功地维护了若干年之后,仍然会有错误被发现。维护包括改正那些在早期各阶段未被发现的错误,改善系统各个单元的实现,并当新的需求出现时继续迭代改进,以满足用户的新需求。

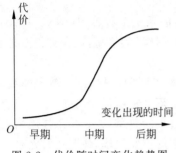

图 2-2   代价随时间变化趋势图

瀑布模型的特点是很显著的。首先,是它的各个阶段间都要求有里程碑式的便于审查的结果,要有尽量准确的描述和文档。因此,各个阶段之间具有明显的顺序性和依赖性。其次,是推迟实现的观点,我们从下面的"时间代价曲线"中可以看出这个观点的重要性:发现"问题"的时间越晚,软件的代价越高,如图 2-2 所示。最后,提倡质量保证的观点。为了保证所开发出的软件的质量,在瀑布模型的每个阶段都要求下述两个重要做法:

(1) 每个阶段都必须完成规定的文档。

(2) 每个阶段结束前都要对该阶段所完成的文档(程序)进行评审(测试),以便尽早发现问题,及时改正错误。

对于瀑布模型,每个阶段的结果是一个或多个经过核准的文档。直到本阶段完成,下一阶段才能启动。这一特点经常被作为否定瀑布模型的主要理由。事实上,这一特点正是所有软件过程都逃脱不掉的宿命——生命周期模型。试想,没有需求分析和定义这一过程如何才能进行系统设计?又如何进行系统建模呢?没有经过测试阶段就可以直接交付吗?其实,在图 2-1 中可以看到:瀑布模型已经具有了"反馈线"。把软件开发过程中实际应用的瀑布模型绘制一幅较完整的图,如图 2-3 所示。图中的虚线代表交付以后维护的反馈流程线;每对弧形箭头线在每一阶段都构成了一个阶段间的反馈线,也就是每一阶段间都是一个反复迭代的过程,多个阶段间也就构成了大一些的迭代过程。可以发现,瀑布模型是一个

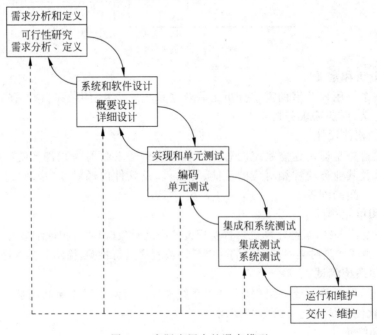

图 2-3   实际应用中的瀑布模型

系统(软件)开发过程的框架,在某一个子过程中可以采用任何可以达成目标的工具和方法,也可以相信,灵活地应用瀑布模型是可以完成大规模的、面向对象的软件开发的。

在讲解下面的软件过程(模型)时,都是在瀑布模型的基础上进行改进实现的,以体现以下观点:生命周期模型是软件开发模型的奠基石。

2.3　快速原型模型

图 2-4 是 2011 年 6 月 21 日刊载于环球网一则报道的插图,内容是我国首次在国外亮相的 C919 全尺寸模型。这种模型虽然不是产品原型,但是,它向用户全面展示了其外观特征、内部结构,也包括宽敞的内部空间、舒适的座椅和新颖的服务设施;用户不但可以提前真实感受到了这款客机,而且还能提出自己的体验和意见,厂商也可以收集到来自客户的建议,为后续的改进设计、生产和服务提供依据。

图 2-4　C919 样机现身巴黎航展

快速原型模型就是迅速建造一个可以运行的软件原型,以便理解和澄清问题,使开发人员与用户达成共识,最终在确定的客户需求基础上开发客户满意的软件产品。快速原型模型允许在需求分析阶段对软件的需求进行初步而非完全的分析和定义,快速设计开发出软件系统的原型,该原型向用户展示待开发软件的全部或部分功能和性能;用户对该原型进行测试评定,给出具体改进意见以丰富细化软件需求;开发人员据此对软件进行修改完善,直至用户满意认可之后,进行软件的完整实现及测试、维护(引自百度百科)。C919 客机模型的例子与快速原型模型的概念是不是很相似呢? 事实上,软件也是一种产品,生产软件与生产一款产品是极其相似的,生产软件的过程中借鉴了许多工程经验和方法。

快速原型模型分为抛弃式原型模型和演化式原型模型。

2.3.1　抛弃式原型模型

抛弃式原型模型建立原型的目的是,评价目标系统的某一个或某一些特性,以便更准确地确定需求,或者更严格地验证设计方案。使用完之后就把该原型系统抛弃掉,然后再重新构造正式的目标系统。抛弃式原型模型是快速原型模型在软件分析、设计阶段的应用,用来解决用户对软件系统在需求上的模糊认识,或用来试探某种设计是否能够获得预期结果。

抛弃式原型模型具有以下特点:

(1) 抛弃式原型模型用来获取用户需求,或是用来试探设计是否有效。一旦需求或设计确定,模型就将被抛弃。因此,抛弃式原型模型要求快速构建、容易修改,以节约原型创建成本、加快开发速度。

(2) 抛弃式原型模型是暂时使用的,因此并不要求完整。它往往是针对某个具体的局部问题,如 UI 原型、某项业务原型等。

(3) 抛弃式原型模型不是一个完整的、可以贯穿生命周期全过程的模型,它需要和其他的过程模型相结合,一起使用。例如,在瀑布模型中的"需求分析和定义"阶段应用抛弃式原型模型,以解决在需求分析时期存在的问题,是需求分析的一种辅助手段,需求分析和定义阶段结束时该原型系统的生存周期也将终止。

2.3.2 演化式原型模型

演化式原型模型是根据将要开发的软件系统,先开发一个原型系统给用户使用,然后根据用户使用情况的反馈意见,逐步完善,最终获得满意的软件产品。

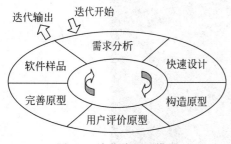

图 2-5 演化式原型模型

也就是说演化式原型模型所创建的原型是一个今后将要投入应用的系统,只是所创建的原型系统在功能、性能等方面还有许多不足,还没有达到最终开发目的,需要不断改进。演化式原型模型的工作流程如图 2-5 所示。从图中可以看到,它具有以下两个特点。

(1) 演化式原型模型将软件的需求定义、产品开发和有效性验证放在同一个工作进程中交替或并行运作。因此,在获得了软件基本需求以后就直接进入软件设计阶段。在最初的一轮迭代中软件的设计可以是初步的,然后就快速构建软件的原型并交给用户进行评价;根据评价结果再完善原型,完善的原型将作为软件样品进入试运行阶段。接下来再进入下一迭代过程,在后来的迭代中逐步达到最终的要求,最后把迭代完成的软件产品进行交付。

(2) 演化式原型模型是通过不断迭代、发布新的软件版本而使软件逐步完善的,因此,这种开发模式特别适合于急需的软件产品开发。它能够快速地向用户交付可以投入实际运行的软件产品,并能够很好地适应软件需求的变更。

2.4 螺 旋 模 型

"软件危机"说明在软件开发过程中存在许多方面的风险。例如,软件开发的进度很难估算,软件设计时遇到了难以解决的技术难题,例如,开发成本超出了先期预算,用户对所交付的软件不满意等。这些风险因素的存在,使得软件产品质量难以保证,因此,在软件开发过程中需要及时地识别风险,有效地分析风险,并能够采取适当措施消除或减少风险。螺旋模型就是一种引入了风险分析与规避机制的过程模型,它是瀑布模型、快速原型模型和风险分析方法的有机结合。图 2-6 所示是螺旋模型的简化模型,它的架构与瀑布模型相同。

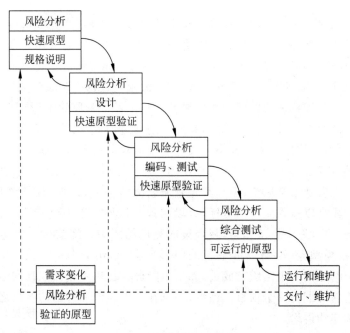

图 2-6　简化的螺旋模型

完整的螺旋模型如图 2-7 所示。图中带箭头的垂直点画线的长度代表当前累计的开发费用,沿着顺时针方向的螺旋线的角度值代表开发进度。螺旋线每个周期对应于一个开发阶段。最里面的周期与项目可行性有关,接下来的一个周期与软件需求定义有关,而再下一个周期则与软件系统设计有关,以此类推。

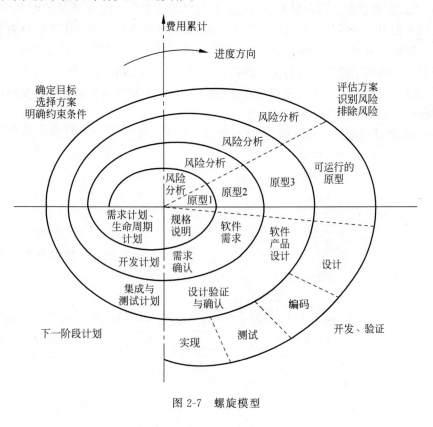

图 2-7　螺旋模型

每个阶段开始时(左上象限)的任务是确定该阶段的目标、为完成这些目标选择方案及设定这些方案的约束条件。接下来就是努力减小(控制)风险,通常用建造原型的方法来验证、努力地减小风险,如果不能减小该阶段所有重大的风险,则该项目立即停止。如果成功地排除了所有风险,则启动下一个开发步骤(右下象限),在这个步骤的工作过程相当于纯粹的瀑布模型。最后是评价该阶段的工作成果并计划下一个阶段的工作。

软件开发中总会有各种各样的风险,螺旋模型通过加入"风险分析"来识别风险、降低风险、甚至是排除风险。构建原型是最小化某些类型风险的一个有效途径。例如,要减小交付产品不符合客户实际需求的风险,行之有效的一种方法是在需求阶段创建一个快速原型。使用原型可以发现验证某类风险,但在其他领域就无能为力,例如,没有招聘到开发软件的技术人员。螺旋模型以软件质量为目标,可以在现有软件基础上进行迭代。由于在每个阶段都有原型验证,可以避免风险积累,减轻集成测试的压力。螺旋模型的应用有一些限制,一般情况下,螺旋模型专门用于大型软件的内部开发[Bohm,1988]。在一个内部项目中,它的开发者和客户都是同一个组织的成员,如果风险分析得出停止该项目的结论,则应该给内部的软件人员重新分配另一个项目。当然,一旦在开发组织和外部的客户之间签署了合同,终止合同将面临违约诉讼。

2.5 增量模型

瀑布模型提供了一套工程化的里程碑管理模式,能够有效保证软件质量,并使得软件容易维护。演化式原型模型将软件的整体开发分为多次循环迭代的过程。增量模型是对瀑布模型和演化式原型模型这两种模型的结合。增量模型在整体上按照瀑布模型的流程实施项目开发,以方便对项目的管理;但在软件的实际创建中,则将软件系统按功能分解为许多增量构件,并以构件为单位逐个地创建,逐个加入软件系统,逐个交付,直到全部增量构件创建完毕,并都被集成到系统之中交付用户使用。如同演化式原型模型一样,增量模型逐步地向用户交付软件产品,但不同于演化式原型模型的是,增量模型在开发过程中所交付的不是完整的新版软件,而只是新增加的构件。

图 2-8 是增量模型的工作流程,它被分成以下 3 个阶段。

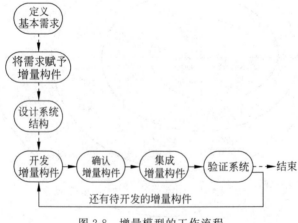

图 2-8　增量模型的工作流程

（1）在系统开发的前期阶段，为了确保系统具有优良的结构，仍需要针对整个系统进行需求分析和概要设计，开发初期的需求定义可以是大概的描述，只是用来确定软件的基本结构，需要确定系统的基于增量构件的需求框架，完成对软件系统的体系结构设计。

（2）在完成软件体系结构设计之后，可以进行增量构件的开发。这个时候，需要对构件进行需求细化，以增量构件为单位逐个地进行需求补充，然后进行设计、编码测试和有效性验证。

（3）在完成了对某个增量构件的开发之后，需要将该构件集成到系统中去，并对已经发生了改变的系统重新进行有效性验证，然后再继续下一个增量构件的开发，软件系统是逐渐扩展的，直到所有的构件都加入系统中为止。

2.6 敏 捷 过 程

在 20 世纪 80 年代和 90 年代初，被认为是好的软件工程的方法一直是：通过完备的项目规划和形式化文档，严格的质量保证措施，采用结构化的分析和设计方法，遵循受控的和严格的产品管理过程。这些观点来自软件工程领域中关注大型、长生命周期的那些人。这种大型软件是由大型软件组织耗费较长时间开发的。这类软件的例子是现代飞机控制系统，这个系统从初始描述到部署完毕可能需要 10 年左右的时间。然而，当这个大规模的、基于计划的开发方法应用于小型或者是中等规模业务系统时，所需要的费用在软件开发过程中所占的比例非常大，而且在开发过程中更多时间是花在了系统应该如何开发而不是花在程序开发和测试上。当系统需求发生了变更，又要从需求分析开始重新进行计划、开发、测试。

为了解决这种重量级的软件工程方法带来的问题，众多的软件开发人员在 20 世纪 90 年代提出了新的软件工程模型——敏捷开发方法。这些方法允许开发团队将主要精力集中在软件本身而不是在设计和撰写文档上。敏捷方法依赖于迭代来完成软件描述、开发和交付。当某一待开发系统的需求经常变化时，采用敏捷方法最适合不过了。

软件开发人员可以应用敏捷方法来迅速完成和交付可用软件给客户，当客户变化需求时，软件开发人员将在下一个循环中实现。他们通过抛弃那些从长远看未必有用的工作和减少可能永远都不会被用到的文档的方法，而达到减少开发过程中的烦琐多余的部分，达到提高开发效率的目的。

敏捷方法背后的基本原理体现在敏捷宣言中。此方法是 17 位著名的软件专家于 2001 年 2 月联合起草的。宣言如下：

在开发过程中发现更好的软件开发方法，并帮助他人这样做。通过这项工作得到如下评估：

个体和交互胜过过程和工具；

编写软件胜过书写详尽的文档；

用户合作胜过合同谈判；

响应变更胜过遵循计划。

对下面几个类型的系统开发，敏捷方法是非常成功的：

（1）软件公司正在开发并准备出售的是一个小型或中型的软件产品。

（2）机构内部的定制系统的开发。客户会有一个关于参与到开发过程中去的明确承诺，且没有许多来自外部的规章和法律等影响。

根据上述原理提出的软件过程统称为敏捷过程。

复习思考题

1. 软件开发方法分为结构化方法和面向对象方法，这两种方法有什么区别和联系？

2. 你是如何理解瀑布模型中的由"反馈线"构成的"反馈环"的？

3. 思考一下，螺旋模型与瀑布模型"反馈环"有什么相似之处？

4. 某软件开发团队计划开发一款"即时通信"软件，在选择开发模型的时候遇到了困难，你有什么建议？

第3章

项目管理

学习目标

1. 理解软件项目管理的概念,掌握项目管理过程;

2. 掌握软件进度管理的基本方法;

3. 了解软件进度估算的基本方法;

4. 了解风险管理的概念,掌握风险管理流程;

5. 认识到软件项目管理的重要性,具有管理软件项目的初步能力;

6. 加强风险意识,极力避免给企业和社会造成损失。

在软件开发过程中经常会出现软件不能按期完成,成本是预期的几倍,或者不能满足客户的要求等情况。造成这些情况的原因之一就是项目管理出现了问题。项目管理是软件工程的一个重要组成部分。我们需要项目管理是因为专业的软件工程总是要受预算和工程进度的制约。项目管理者的任务是确保软件项目满足和服从这些约束,并确保交付高质量的软件产品。但是,好的项目管理不能完全确保项目开发的成功! 而不好的项目管理是注定要带来项目的失败。

Meiler Page-Jones 在其关于软件项目管理论著的序言中给出了以下一段陈述,这引起了许多软件工程师的共鸣:

我拜访了很多商业公司——好的和不好的,我又观察了很多数据处理管理者的业绩——好的和不好的。我常常恐惧地看到,这些管理者徒劳地与噩梦般的项目斗争着,在根本不可能完成的最后期限的压力下苦苦挣扎,或者是在交付了用户极为不满意的系统之后,又继续花费大量的时间去维护它。

Page-Jones 所描述的正是源于一系列管理和技术问题而产生的症状。不过,如果在事后再剖析一下每个项目,很有可能会发现一个共同的问题:项目管理太弱。

项目管理成功的标准对于不同的项目是不同的,在 Ian Sommerville 编著、程成等翻译的软件工程中指出项目管理的目标是:

(1) 在约定的时间将软件产品交付给客户;

(2) 将全部成本控制在预算之内;

(3) 交付的软件产品满足客户的要求;

(4) 有一个愉悦并且运作良好的开发团队。

这些目标不只是软件工程所独有的,也是某些工程项目的目标。然而,软件项目管理与其他的工程管理相比,在很多方面有显著的区别。项目管理是软件企业行之有效的管理方法,也是软件企业的基本功。要提升国内软件企业竞争力,最重要的还是切实加强项目管理,把项目管理理论落实到实践中去,理论与实践相结合。

3.1 软件项目管理

3.1.1 软件项目管理的概念和过程

软件项目管理是为了使软件项目能够按照预定的成本、进度、质量顺利完成,而对经费、人员、进度、性能、风险等进行分析和管理的活动。

软件项目管理的对象是软件工程项目。它所涉及的范围覆盖了整个软件工程过程。这种管理在技术工作开始之前就应开始,在软件从概念到实现的过程中继续进行,当软件工程过程最后结束时才终止。为使软件项目开发获得成功,关键问题是必须对软件项目的工作范围、可能风险、需要资源(人、硬件/软件)、要实现的任务、经历的里程碑、花费工作量(成本)、进度安排等做到心中有数。

软件项目管理是过程管理的主要体现,它根据项目要达到的软件的功能、性能等目标做出包含人力、资源、技术过程、质量保证、进度安排的项目计划,并按计划追踪、报告、协调来完成项目。软件项目管理的过程如图 3-1 所示。

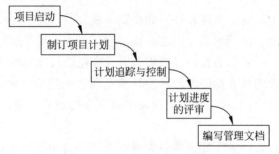

图 3-1　软件项目管理的过程

1. 项目启动

首先要明确项目的目标和范围。项目的目标标明了软件项目的目的,但不涉及如何实现这些目的。这里所说的范围就是软件的基本功能、基本性能以及环境约束,并尽量以定量、定界的方式来描述这些范围。其次是要考虑候选的解决方案,我们在进行可能性分析和需求分析的时候需要至少提供高、中、低三种方案,在项目启动阶段,一般也要提出待选择的候选方案。软件过程中不同阶段的候选方案也是不同的,项目启动阶段的候选解决方案虽然涉及方案细节不多,但有了该方案,管理人员和技术人员就能够据此选择一种合适的方法,给出诸如交付期限、预算、个人能力及其他问题的解决方式。第三是要标明技术和管理上的各项要求。有了这些信息,才能进行合理的成本估算,实际可行的任务分解以及可管理的进度安排等工作。

2. 制订项目计划

在项目正式开始之前,一定要有详细而周密的项目计划。项目计划是详细描述在不同条件、不同情景、不同活动下如何进行管理的一个计划集。项目计划不是一段简单的描述项目如何进行的文档,而是详尽的开发指南,并且它可以随着项目细节的不断明了而被逐步完善。在项目计划中首先要估算所需要的人力(通常以人日或人月为单位)、项目持续时间(以年份或月份为单位)、成本(以元为单位)。然后做出进度安排,分配资源,建立项目组织及任用人员(包括人员的地位、作用、职责、规章制度等),根据规模和工作量估算分配任务。

进行风险分析,包括风险识别、风险估计、风险驾驭策略、风险解决和风险监督。这些步骤贯穿在软件工程过程中。

制定质量管理指标。包括识别定义任务,进行时间规划,识别和监控关键路径,明确各个阶段的里程碑。最后是编制预算和成本,准备环境和基础设施等。

3. 计划追踪与控制

项目计划好以后,就要开始着手追踪和控制活动。这一过程是由项目管理人员负责的,主要是在计划执行过程中监督过程的实施进展和效果,提供过程进展内部报告,并按合同规定向需方提供外部报告。对于在计划安排中标明的每一个任务,如果任务实际完成日期滞后于进度安排,那么,管理人员就应该评定关键路径上误期的节点所造成的影响,可对资源重新定向,对任务重新安排,或者可以修改交付日期以调整已经出现的问题。

4. 计划进度的评审

项目管理人员要在软件开发的各个里程碑对计划完成程度进行评审,对项目进行评价。并对计划和项目进行检查。

5. 编写管理文档

管理人员根据合同确定软件开发过程是否完成。如果完成,应从完整性方面检查项目在各个阶段完成的结果和记录,并把这些结果和记录编写成文档并保存。

3.1.2 软件进度管理

软件进度管理是计划和组织软件项目的各项工作,然后将工作分割成独立的分项任务、并以明确的方式完成各项任务的过程。软件进度管理需要估算需要用于完成各个任务的时间、成本以及完成这些任务的人员。除此之外,还必须估算完成每项任务所需要的资源,比如服务器上需要的磁盘空间、人员之间的通信费用以及项目人员的差旅费预算等。基于计划的过程和敏捷过程都需要初始软件进度管理,进度安排用于计划如何给项目分配人员,检查项目进展是否符合合同承诺。通常的开发过程中,在开始阶段就创建比较完整的进度安排,并且随着项目的进行而修改。

敏捷过程中,必须有一个总的进度安排,确定何时完成项目的各个主要阶段。然后再使用迭代的方法规划各个阶段。计划驱动项目的进度安排一般包括把一个项目所有的工作分解为若干个独立的任务,以及判断完成这些任务所需的时间。正常情况下项目的各项活动应该至少持续 1 周,并短于 2 个月。当然,更详尽的划分会花费更多的时间。对所有项目活动安排的最高的时间期限为 8~10 周。如果一项活动持续的时间超出这个范围,就应该在项目计划和进度安排中再次细分。活动图是软件进度管理常用的一种表示方法,它给出能并行执行的任务和必须按顺序执行的任务,这些都是根据某任务对先前的任务的依赖性做出的。如果一个任务依赖于几个其他任务,那么所有被依赖的任务都必须在此任务开始之前完成。活动图中所谓的"关键路径"是最长的依赖任务序列。它决定了项目的持续时间。

对于并行进行的任务,每个员工在开发工作中的任务是不同的。负责进度安排的人员必须协调这些并行任务并把整个工作组织起来,同时尽量避免各个任务之间不必要的依赖性。负责人也必须注意关键路径中的重要节点,避免出现因一项关键任务没有完成而使整个项目延期交付的情形。

另外,无论管理者做出多么周全的计划,在软件开发过程中仍然会有各种意外情况发生。因此,软件进度安排随着有关项目进展而不断地进行更新是必然的。如果进度安排的项目与原来某项目相似,可以沿用原来的进度安排。事实上,由于不同项目可能使用不同的设计方法和使用不同的实现语言,先前项目的经验一般不能一成不变。

1. 进度的估算

按时完成项目是项目管理者的最大挑战。在估算进度时管理者应该考虑到项目出现问题的可能性。因为参与做这个项目的个别人员可能生病或离职,所需的基本的支持软件或硬件有可能迟迟不能交付。如果这是一个新项目并且技术先进,其中某些部分可能比原来预期的要困难得多,花费的时间也多。一般首先对每个任务的历时进行估计,然后再估计项目的总历时。

2. 进度估算的基本方法

初始的估算可能需要根据高层的用户需求定义做出。软件可能需要运行于某些特殊类型的计算机上,或者需要运用到新的开发技术。对参与到项目中来的人员的技术水平可能了解很少。如此多的不确定因素意味着,在项目早期阶段对系统开发成本进行精确估算是相当困难的。评估用于成本和工作量估算的不同方法的精确性有它固有的困难。项目估算通常是先入为主的。项目估算是用来确定项目预算,然后通过调整产品以保证预算不被突破。为了让项目开支控制在预算之内,可能会牺牲掉一些待开发的软件特性。

(1)专家判断法。

专家判断法是由有经验的专家通过借鉴历史信息估算所需的时间,或根据以往类似项目的经验,给出活动持续时间的上限。专家判断也可用于是否需要联合使用多种估算方法,以及如何协调各种估算方法之间的差异。

(2)类比法。

类比法也叫自上而下估算。以过去类似项目的参数值为基础,来估算未来项目的同类参数或指标。这是一种粗略的估算方法,在项目详细信息不足时,就经常使用这种技术来估算项目持续时间。相对其他估算技术,类比估算通常成本较低、耗时较少,但准确性也较低。

(3)算法成本建模。

算法成本建模是使用一个公式计算项目的工作量,它是基于对产品属性(如规模)和过程特点(如参与员工的经验)的估计。

无论使用哪种估算方法,都是依据工作量或者项目和产品特点进行估算的。在项目的启动阶段,估计的偏差比较大。基于从大量项目中收集的数据,Boehm 等(1995)发现启动阶段的估算差异巨大。假如开始的工作量估计是 x 个月,那么系统交付时测量的实际工作量范围可能是 $0.25x \sim 4x$。在开发规划中,随着项目进行的估算会越来越准确。通常召集一组人参与到估算工作量之中,并要求每个成员解释各自的估算结果,这样做很有帮助。很多情况下这将暴露别人没考虑到的因素,管理者重复这个过程谋求一个达成共识的估算结果。

基于经验估算的困难在于一项新软件项目可能和之前的项目没有太多的共同点。软件开发技术发展非常迅速,项目经常使用一些不熟悉的技术,如果管理者没有使用过这些技术,之前的经验可能对估算需要的工作量没有帮助,从而使准确的成本和进度估算更加困难。

3.2　风险管理

风险是项目执行全过程中可能发生,一旦发生就会影响目标的实现并进而造成损失的事件或问题。Robert Charette 在他关于风险分析与管理的书中给出的风险概念是这样的:首先,风险涉及的是未来将要发生的事情。今天和昨天的事情已不再关心,如同我们已经在收获由我们过去的行为所播下的种子。问题是:我们是否能够通过改变今天的行为,而为一个不同的、充满希望的、更美好的明天创造机会。其次,风险涉及改变。如思想、观念、行为、地点的改变……最后,风险涉及选择,而选择本身就具有不确定性。因此,就像死亡和税收一样,风险是生活中最不确定的因素之一。对于软件工程领域中的风险,Charette 的三条概念定义是显而易见的。未来是项目管理者所关心的,改变也是项目管理者所关心的。

风险具有两个明显的特征:

(1) 不确定性:事件可能发生也可能不发生,即不存在发生概率为 100% 的风险;

(2) 危害性:一旦风险变成了现实,就会造成(成本、进度和质量等方面的)损失甚至出现严重的恶性后果。

对软件风险的严格定义还存在着很多争议,但对于在风险中包含了两个特性这一点上已经达成了共识。风险与其他工作同样重要,一个成熟的项目管理者,一个聪明的企业家,不能将风险管理看作项目工作以外的额外活动,不能将风险管理看作本身职责范围以外、由他人负责的活动。

3.2.1　风险管理的概念

在《哈佛商业评论》2009 年 1 月刊中把风险管理描述为:风险管理是指如何在项目或者企业一个肯定有风险的环境里把风险减至最低的管理过程。风险管理是指通过对风险的认识、衡量和分析,选择最有效的方式,主动地、有目的地、有计划地处理风险,以最小成本争取获得最大安全保证的管理方法。当企业面临市场开放、法规解禁、产品创新,均使变化波动程度提高,连带增加经营的风险性。良好的风险管理有助于降低决策错误的概率,避免损失之可能,相对提高企业本身之附加价值。理想的风险管理,是一连串排好优先次序的过程,使当中的可以引致最大损失及最可能发生的事情优先处理,而相对风险较低的事情则排后处理。

风险管理被认为是 IT 软件项目中减少失败的一种重要手段。可以减少潜在问题发生的可能性和影响。风险管理意味着危机还没有发生之前就对它进行处理。这就提高了项目成功的机会和减少了不可避免风险所产生的后果。软件项目风险管理实际上就是贯穿在软件项目开发过程中的一系列管理步骤。

3.2.2　风险管理的目的和流程

风险管理的目的是规范公司风险管理过程,有效地进行项目风险的识别、制定管理策略并进行跟踪控制工作,确保项目顺利完成。主要内容包括:风险识别及分析;制定风险应对策略；风险跟踪及控制；作为项目计划的一部分或者单独编写风险管理计划，并经评审和控制。每个项目的开发计划中都必须包含风险管理。我们在螺旋模型里面已经看到，每个阶段把风险分析、风险评估和验证作为其中一个主要的环节。在软件开发组织中也要建立风险跟踪的制度，来定期地评估风险。在风险管理中要明确职责，并且在整个软件生命周期中，要按照计划执行风险管理。

项目风险管理有以下流程：

（1）识别及分析风险，得到主要的风险列表；

（2）制定风险管理策略，形成风险管理计划；

（3）对风险进行跟踪控制，并在此过程中再识别分析可能出现的新风险。

风险识别是风险管理的第一阶段，这一阶段主要是发现可能对正在开发的软件或开发机构产生重大威胁的风险。风险识别可以通过项目组对可能的风险进行集体讨论完成，或者凭借管理者的经验识别最可能或者最关键的风险。常见的风险类型如下：

（1）技术风险：是指源于开发系统的软件技术或硬件技术的风险，例如，测试手段和时间不足，不能充分覆盖所有需求项，导致交付的产品有较多缺陷不能发现。

（2）人员风险：是指与软件开发团队的成员有关的风险，人员配备不到位，没有时间进行必需的培训，无法达到进度要求的效率等。

（3）机构风险：源于软件开发机构环境的风险。

（4）工具风险：源于软件工具和其他用于系统开发的支持软件的风险。

（5）需求风险：源于客户需求的变更和需求变更的处理过程的风险，或者是需求不明确、需求分析有缺陷，致使最终产品不符合（客户或市场）需要，导致项目目标偏离或在中途作重大变动，延误产品发布时间。

（6）估算风险：对构建系统所需资源进行估算的风险，对项目工作量估计不足，造成工作不能按计划执行，甚至放弃计划性的风险。

在制定风险策略和规划过程中，项目管理者要考虑已经识别出的每一个重大风险，并确定处理这些风险的策略。项目经理负责组织项目组成员对识别的风险项进行分析，评价风险发生的概率和影响度。必要时，可以邀请相关同行参与风险分析活动。对于每个风险来说，必须思考一旦某个风险发生时所需要采取的行动，使其对项目的影响最小。同时，应该考虑在监控项目时需要收集哪些信息，用于预测可能发生的问题。

风险跟踪监控就是检查之前对产品、过程以及业务风险的假设是否改变的过程。风险跟踪的目的包括：监视风险情景的事件和条件；跟踪风险转化指标及时提供预警报告；为触发机制提供通知及时启动风险行动计划；收集风险应对活动的结果；定期报告风险度量；提供风险状态的可视性。风险跟踪监控必要要对每一个识别的风险定期进行评估，从而确定风险出现的可能性是变大了还是变小了，风险的影响后果是否有所改变。为了达到这个目的，必须关注能提供有关风险可能性及其影响后果信息的其他因素，比如需求变更的数量。它能给出风险概率和风险影响的线索。在开发过程中，风险跟踪监控是一个日常性的工作，一般采用定期或事件驱动的方式来进行，项目组内所有组员均应关注项目中的风险。风险监控应该是一个持续不断的过程，在每一次对风险管理进行评审时，每一个重大风险都应该单独评审。

3.3 软件项目资源管理

资源管理是项目管理诸多属性中的重要属性之一。管理资源,首先要先了解资源的情况然后才能有针对性地管理。主要包括人力资源管理和软件资源管理。

3.3.1 人力资源管理

1. 人力资源管理概念

软件项目中的人力资源管理包括所有项目干系人:资助者、客户、项目组成员、支持人员及供应商等。软件项目的人力资源管理就是有效地发挥每个项目干系人作用的过程。一般来说,人力资源管理是一项复杂的工作,其具体的工作内容由若干相互关联的任务所组成。这些任务包括分析人力资源需求、规划人力资源配备状况;获取人力资源信息、招聘员工、确定劳资关系,以及评估员工业绩等。

2. 人力资源分析与策划

在软件开发过程中,人员的获取、选择、分配和组织是至关重要的,关乎软件开发进度、软件产品质量,必须引起高度重视。软件项目的开发实践表明,软件开发各个阶段所需要的技术人员类型、层次和数量是不同的。在软件项目的计划中只需要系统分析员等少数人,在初步的分析阶段也只是需要少数的软件系统工程师和项目高级管理人员,在概要设计阶段,要增加一部分高级程序员;在详细设计阶段要增加软件工程师和程序员;在编码和测试阶段,还要增加程序员、软件测试员。但是,Brooks 定律告诉我们只依靠增加人力是行不通的。Brooks 定律是北卡罗来纳大学商学院计算机科学的教授 Frederick P. Brooks 提出的,内容是"向一个已经拖延的项目追加新的开发人员,可能会使这个项目完成得更晚"。从另一个角度说明了"时间与人员不能线性互换"。

3. 人力资源评估

人力资源评估是对人力资源管理总体活动的成本、效益的测量,并与组织过去绩效、类似组织的绩效、组织目标进行比较。人力资源管理通过诸如招聘、选拔、培训、薪酬管理、绩效评估、福利管理、组织变革等具体管理行为来实现生产力的改进、工作生活质量的提高、产品服务质量的改善、促进组织变革、建设组织文化五个目标。可以从项目成本、利润、计划完成情况、项目质量、规范程度、文档水平、技术、产品化和共享度等方面评价项目效果。也可以从采用员工自评与项目经理考核相结合的方式,从敬业精神、工作责任感、个人技能、个人贡献、团队合作、工作效率及完成情况等方面进行考察,对项目成员进行打分,实现个人绩效的评定。

3.3.2 软件资源管理

软件资源管理是指在软件开发过程中,可以尽可能重复使用以前开发活动中曾经积累或使用过的软件资源,这些软件资源被称为可复用软件资源。为提高软件生产率和软件质量,需要把有重用价值的软件模块或构件收集起来,再把相关的资料组织在一起,标注说明,建立索引,从而建立可复用的软件构件库。

百度百科中对软件复用的描述是这样的:软件复用是将已有软件的各种有关知识用于

建立新的软件,以缩减软件开发和维护的花费。软件复用是提高软件生产力和质量的一种重要技术。早期的软件复用主要是代码级复用,被复用的知识专指程序,后来扩大到包括领域知识、开发经验、设计决定、体系结构、需求、设计、代码和文档等一切有关方面。

软件资源的复用方式一般包括源代码的复用、目标代码复用、设计结果复用、分析结果复用和类模块复用等。尽管复用作为一种开发策略已经提出 50 多年(McIlroy,1968),但是只是从 2000 年以来,复用开发才变成新商业系统的规范。这种向基于复用的开发方式的转变是为了降低软件产品和维护的成本,更快地交付系统,以及提高软件质量。越来越多的公司将其软件看成一种有价值的资产。他们希望提升复用水平来增加他们在软件上投资的回报。

软件复用就是将已有的软件成分用于构造新的软件系统。可以被复用的软件成分一般称作可复用构件,无论对可复用构件原封不动地使用还是进行适当修改后再使用,只要是用来构造新软件,则都可称作复用。软件复用不仅是对程序的复用,它还包括对软件生产过程中任何活动所产生的制成品的复用,如项目计划、可行性报告、需求定义、分析模型、设计模型、详细说明、源程序、测试用例等。如果是在一个系统中多次使用一个相同的软件成分,则不称作复用,而称作共享;对一个软件进行修改,使它运行于新的软硬件平台也不称作复用,而称作软件移植(百度百科)。C. Jones 定义了 10 种可能复用的软件制品。

(1) 项目计划:软件项目计划的基本结构和许多内容,如 SQA 计划,均可以跨项目复用。

(2) 成本估计:由于不同项目中常包含类似的功能,所以有可能在极少修改或不修改的情况下复用对该功能的成本估计。

(3) 体系结构:即使应用领域千差万别,但程序和数据的体系结构一般都是相同的。因此,可以创建一组类似的体系结构模板,将这些模板作为可复用的框架。

(4) 需求模型和规格说明:数据流图、类模型等均可以复用。

(5) 设计:系统和对象设计的框架可以复用。

(6) 源代码:源代码的结构,甚至是部分源代码可以进行复用。

(7) 用户文档和技术文档:虽然不同的项目具有不同的文档,但其中的某些部分是可以复用的。例如,技术文档中的大部分内容。

(8) 用户界面:用户界面的结构和风格对于特定的行业基本相同,用户界面的代码量可能占一个应用软件的 60% 以上。

(9) 数据:在大多数经常被复用的软件制品中,数据包括内部表、列表和记录结构,以及文件和完整的数据库。

(10) 测试用例:一旦设计或代码被复用,相关的测试用例应该"附属于"它们。

复习思考题

1. 如果你是一名项目经理,你应该按照怎样的过程进行项目管理?

2. 举例说明,你在小组 PBL 项目中是怎样进行软件进度管理的?

3. 你用到了哪些软件进度估算方法?详细地谈一下你是怎样进行估算的。

4. 你认为风险管理重要吗?为什么?

第 4 章　需 求 工 程

学习目标

1. 掌握需求工程的概念,了解需求分析的任务;

2. 掌握需求获取的方法,能够根据不同的需求采用不同的获取方法;

3. 掌握需求分析的基本方法,能够运用需求分析工具进行需求建模;

4. 了解需求验证与确认的方法;

5. 培养把用户放在第一位的意识,加强面向社会、为人民服务的观念。

什么是需求?简单来说,需求就是描述客户或用户对产品的期望。需求的定义是(IEEE1990):

(1) 用户(人或系统)为解决问题或达成目标所需要的特性或条件。

(2) 为满足合同、规范、规格说明书或其他正式文档要求,系统或系统组件必须满足的特性或条件。

(3) 以上所描述的特性或条件的文档化的表现形式。

在 Roger S. Pressman 所著的《软件工程实践者的研究方法》(郑人杰等译)中有这样一个案例描述。理解问题的需求是软件工程师所面对的最困难的任务之一。第一次考虑需求工程的时候,可能看起来并不困难。但是,客户难道不知道需要什么?最终用户难道对将给他们带来实际收益的特征和功能没有清楚的认识?不可思议的是,很多情况下的确是这样的。甚至即使用户和最终用户清楚地知道他们的要求,这些要求也会在项目的实施过程中改变。因此实施需求工程非常困难。在 Ralph Young(YOU01)的一本关于有效需求实践的书的序言中写道:

这是最恐怖的噩梦:一个客户走进你的办公室,坐下,正视着你,然后说"我知道你认为你理解我说的是什么,但你并不理解的是我所说的并不是我想要的。"这种情况总是在项目后期出现,而当时的情况通常是:已经对交付期限做出承诺,声誉悬于一线并且已经投入大量资金。

我们这些已经在系统和软件业中工作多年的人就生活在这样的噩梦中,而且目前还都不知道该怎么摆脱。我们努力从客户那里引导出需求,但是难以理解获取的信息。我们通常采用混乱的方式记录需求,而且总是花费极少的时间检验到底记录了什么。我们容忍变更控制我们,而不是建立机制去控制变更。总之,我们未能为系统或软件奠定坚实的基础。这些问题中的每一个都是极富挑战性的,当这些问题集中在一起时,即使是最有经验的管理者和实践者也会感到头痛。但是,确实存在解决方法。

获得"需求"既非常关键,又非常困难!因此,我们需要一种可靠的途径来解决"需求"的问题——需求工程。

什么是需求工程呢？在 Christof Ebert 所著的《需求工程实践者之路》（洪浪译）中是这样描述的：需求工程是系统性地、规范地进行需求获取、编写、分析、协商、核实和管理，使期望和目标在一个产品中实现。需求工程的目标是开发好的（不是完美的）需求，并在实施过程中针对它的风险和质量进行管理。系统性的需求工程能区分一个成功的产品和一个功能集合。需求工程是所有工程学的关键学科，所以它也是软件工程和系统工程的一部分。我们经常提到系统开发，因为软件经常作为一个大系统的组成部分交付。系统是一个由硬件、软件、流程和人员组成的整体，它有能力满足一个特定的需要或目的，或展示特定的属性。需求工程的内容如图 4-1 所示。

图 4-1　需求工程的内容

需求工程是交叉学科，它的方法和技术是从很多不同的应用领域演化而来的。需求工程贯穿整个产品开发的过程之中，是伴随整个开发过程直至产品交付。需求工程应用于项目开始前和整个项目周期。需求工程技术多样，可以用多种技术开展这些活动。

4.1　需求分析的任务

需求分析的基本任务是软件人员和用户一起完全弄清用户对系统的确切要求。需求分析是发现需求、逐步求精、建模、规格说明和复审的过程，是软件定义时期的最后一个阶段。软件开发人员主要关注的是系统"做什么"而不是"怎么做"，与可行性分析相比，需求分析在"做什么"的问题上更细致、精确。需求分析的任务一般可以归纳成以下 4 方面。

4.1.1　确定目标系统的具体要求

1. 确定系统的运行要求

确定软件系统的运行环境，需要的操作系统、安装包、可执行文件，硬件配置，外部存储器以及通信接口等。

2. 系统的性能要求

确定数据的最大存储量，软件对每项操作的响应时间，处理时间，数据转换和传送时间，软件的输入/输出数据精度，软件失败和成功的定义等。

3. 确定系统功能

根据需求对各项功能进行准确形式化描述，即系统做什么？什么时候做？有几种操作模式等。

4. 未来可能的扩充要求

为应对需求变化所要满足的要求，例如，如何进行升级？如何进行扩充？

4.1.2　建立目标系统的逻辑模型

逻辑模型是为了理解事物而对事物做出一种抽象，对事物的无歧义的书面描述。逻辑模型由一组图形符号和组成图形的规则组成（数据流图、实体关系图等），建立目标系统的逻辑模型的目的是准确地将用户的需求描述为一组无歧义的抽象模型。

4.1.3 修正计划

修正计划包括估算计划、进度计划和交付计划等。

4.1.4 开发原型系统

在需求分析过程中使用原型系统(一般采用快速原型模型)的主要目的是,使用户通过实践获得关于未来的系统将怎样为他们工作的更直接更具体的概念,从而可以更准确地提出和确定他们对所开发的软件的要求。

4.2 需求的获取

需求使目标具体化并建立了一个基础,在此基础上可以开发一个满足客户需求的方案。需求获取构筑了一个相互理解的基础。一个项目如果没有经过协商确定的目标,那么所得到的软件的特性和质量是很值得怀疑的。客户访谈、市场调研、联合分析小组等方式是获取需求常用的方法。

4.2.1 客户访谈

对客户的正式和非正式的采访是绝大多数需求工程过程的组成部分,在这些访谈中,需求小组向客户提出一系列关于他们所正在使用的系统和将要开发的系统的问题,从他们对这些问题的回答中就能了解系统的需求,直到他们确信已经从客户和目标软件产品未来的用户处得到启发并获得了所有相关信息。访谈可能有两种类型:

(1) 程式化访谈,即客户回答一组预定的问题;

(2) 非程式化访谈,即没有一个预先准备好的程序。需求小组不断提问,由此达到对客户想要什么有一个更深的了解。

在具体实践中,对客户的访谈经常是这两种方式可能都会用到。进行一个理想的访谈并不容易。首先,访谈者必须熟悉该应用领域;其次,如果访谈者已经决意尊重客户需求时,访谈客户公司的成员时却没有抓住访谈的要点。不管他先前被告知什么或通过其他方式了解过什么,每一次访谈都必须认真倾听受访者,与此同时,坚决地克制任何预先固有的成见,尊重客户公司的意见或客户和待开发产品的潜在用户的要求。访谈结束后,访谈者必须准备一份书面报告,概要列出访谈的结果。非常有帮助的做法是将报告的一份副本送给受访者,受访者可能会想澄清某些陈述或增加一些被忽略的项目。

4.2.2 市场调研

通过市场调研的方法获取客户的需求不同于广义的市场调研。广义的市场调研是指用科学的方法,有目的、系统地搜集、记录、整理和分析市场情况,了解市场的现状及其发展趋势,为企业的决策者制定政策、进行市场预测、做出经营决策、制订计划提供客观、正确的依据。这里的市场调研是狭义的,指通过市场调研的方法来获取客户的需求。

通过用户调查问卷、实地考察等市场调研方法获得信息和数据,然后,对这些信息进行整理、筛选,最后分析出适合需求小组确定需求的信息。这种调研需要对市场进行大范围的调查,找出市场上现实需要和潜在需求,再根据分析确定软件研发方向或者软件更新等,从市场的角度确定用户的需求。这种方法一般适用于软件组织新开发的软件,或者是软件的主动升级等情况。

4.2.3　联合分析小组

联合分析小组由用户代表、领域专家、软件工程师和系统分析师组成。来自不同领域的人员从各自的观察角度理解需求。领域专家对产品开发中的重大疑难问题提出解决方案,把握需求分析中的关键节点,审核需求分析中产生的模型,对估算以及进度计划评审。系统分析师能对需求分析中的规划以及对软件设计和测试的需求进行把控。尤其是用户的加入,能够从用户的角度去诠释需求。

4.3　软件需求文档

软件需求文档是对系统开发者需要实现什么的正式陈述。它应该包括系统的用户需求和一个详细的系统需求描述。在某些情况下,用户需求和系统需求被集中在一起描述。在其他的情况下,用户需求在系统需求的引言部分给出。如果有很多的需求,详细的系统需求可能被分隔到不同文档中单独描述。例如,软件需求说明书、数据要求说明书、初步的用户手册等。在外部承包商开发软件系统时需求文档是必要的。然而敏捷开发模式的使用表明,由于需求的快速变化,致使需求文档在写完时已经过时,也就浪费了大量的精力。于是像极限编程等方法应运而生。这种方法是增量式收集用户需求,并把它们作为用户故事情景写在卡片上。然后用户对要实现的需求给出优先级排序,最为紧要的需求将在下一个增量中优先考虑。这种方法很适合需求不稳定的业务系统。但是有一份定义系统的业务和可靠性需求的短的支持文档仍然是有用的。当专注于系统下一个版本的功能性需求时,很容易忘记应用到整个系统上的需求。

虽然软件需求文档的风格各不相同,但是,最好还是要有一个基本的需求和规格说明书的结构。需求文档要以最简单的自然语言形式书写。这是很容易写的,因为客户或用户在大多数情况下都是这样沟通的。显然,纯文字描述是不够的,因为不容易看出它们的关联。即使用章节结构也很难描述交叉引用,后文将介绍需求建模,这也是需求分析文档中必须要有的内容。

4.4　需求分析与建模

分析和建模的目标是理解任务和描述方案。需求分析伴随需求获取和工作量评估的整个过程,分析阶段的结果是评估过的方案模型及其依赖和约束。需求分析的目的是要对系统的环境和系统本身有透彻的理解。只有完整地描述了功能、接口、信息交换、状态和系统与环境的相互作用,才可能开发出一个很好的解决方案。在分析过程中可采用多种方法和模型相结合,模型是对需求分析结果的抽象描述。

分析和方案规格说明书是从任务描述开始的,也就是说是从需求和允许的方案域开始的。方案域是通过系统的上下文和接口以及约束和环境影响描述的。分析师必须对任务和方案域有非常深刻的理解,一般是逐步自上而下地描述解决方案。

4.4.1　需求分析方法

需求分析方法由对软件问题的数据域和功能域的系统分析过程及其表示方法组成。需求分析方法是对分析模型的逐步展开过程。分析方法用于两种模型:一种是需求模型,它用来描述问题域并辨认出需求如何关联;另一种是方案模型,主要用来逐步地建立需求方案。需求模型和方案模型能够帮助提高项目的可计划性。它们在项目过程中和其他工作成果相耦合,以便跟踪是否正确地实施了需求。需求模型在项目的早期阶段随着需求的日渐清晰而向前发展。它会随着对需求的深入理解而渐趋稳定,需求模型最重要的作用是它被用来创造一个好的方案模型。方案模型与需求模型平行进行,并描述需求如何转换成一个好的解决方案。

需求和方案通过下面三个模型来描述(Booc1994,Fowler2003):

(1) 结构模型。

从这个角度来看,为了满足需求,该系统应显示怎样的结构。它描述系统和其子系统如何交互和集成。它也是一个逻辑视图,它更多地关注系统内部上下文。此模型能够帮助在上下文中开发整个系统的质量需求。对于基于模型的文档来说,数据和结构都很适合,如类图或 UML 之外的实体-关系图。

(2) 功能模型。

功能模型描述要提供哪些功能。它从用户的角度描述功能,着重于功能需求和行为。此模型往往直接关系到用例,并描述正在开发的系统的模拟现实的概念图。

它提供用例、数据流图和活动图。

(3) 行为模型。

行为模型描述系统有哪些行为。它描述系统及其集成系统上下文中的状态及状态变化。例如,描述对事件的反应和状态变化的前提条件。状态图对于描述这个模型最适合。

这三个模型是相互依存的,所以写文档的时候不能一个接着一个地写,而是要并行地编写。常用的需求分析方法有结构化分析方法、原型化方法和面向对象方法。

(1) 结构化分析方法。

结构化分析方法是一种面向数据流进行需求分析的方法。结构化分析方法适用于数据处理类型软件的需求分析,具体来说,结构化分析方法就是用抽象模型的概念,按照软件内部数据传递、变换的关系,自顶向下逐层分解,直到找到满足功能要求的所有可实现的软件为止。结构化分析方法使用的工具有数据流图、数据词典、结构化语言、判定表与判定树。

(2) 原型化方法。

原型化方法是在需求分析初期进行开发的。

一方面,要得到一个完整准确的规格说明不是一件容易的事,特别是对一些大型的软件项目。用户对所需要的需求往往是对系统只有一个模糊的想法,很难完全准确地表达对系统的全面要求。另一方面,软件开发者对于所要解决的应用问题认识也是模糊不清。随着开发工作向前推进,用户可能会产生新的要求,或因环境变化,要求系统也能随之变化;开发者又可能在设计与实现的过程中遇到一些没有预料到的实际困难。同时,规格说明不完善、需求的变更及通信中的模糊和误解,都会成为软件开发顺利推进的障碍。为了解决这些问题,逐渐形成了软件系统的快速原型的概念。

（3）面向对象方法。

在需求分析中面向对象的方法是用统一建模语言（UML）进行需求分析的方法。统一建模语言是面向对象软件的统一建模语言,大多以图表的方式来表现。使用 UML 进行需求分析的过程首先要根据业务需求的描述生成用例及用例图。用例是外部角色使用系统所产生的一系列交互的描述,包含了前置条件、主事件流、辅助事件流、后置条件等;而用例图描述了角色用例、用例与用例之间的关系（包括关联、扩展、包含、泛化等关系）。

进行顶层架构设计主要是根据实际情况对架构进行微调,如层次风格、过滤器管道风格等,并且根据风格以合适的粒度构建包,并根据分析用例以及需求对包中所包含的类进行填充,从而建立顶层架构设计。

建立概念模型,概念模型是对业务用例实现的对象模型,是对领域内的概念类和现实世界中对象的可视化表示,通常可用类图进行表示,可根据需要选择细化类的属性和操作,以及类之间的相互作用关系（包括依赖、关联、泛化、组合、聚合等）。

4.4.2　需求建模

为了更好地理解复杂事物,人们常常采用建立事物模型的方法。所谓模型,就是为了理解事物而对事物做出的一种抽象,是对事物的一种无歧义的书面描述。模型由一组图形符号和组织这些符号的规则组成。自然语言的规格说明具有容易书写、容易理解的优点,为大多数人所欢迎和采用。为了消除用自然语言书写的软件需求规格说明书中可能存在的不一致、歧义、含糊、不完整及抽象层次混乱等问题,也可采用用形式化方法描述用户对软件系统的需求。常用的建模工具如下。

1. 实体-联系（E-R）图

实体-联系图、实体关系模型或实体联系模式图是由美籍华裔计算机科学家陈品山发明,是概念数据模型的高层描述所使用的数据模型或模式图,它为表述这种实体联系模式图形式的数据模型提供了图形符号。E-R 图主要描绘数据对象及数据对象之间的关系,是表示概念关系模型的一种方式,用于建立数据模型的图形化工具。用"矩形框"表示实体型,矩形框内写明实体名称;用"椭圆图框"或圆角矩形表示实体的属性,并用"实心线段"将其与相应关系的"实体型"连接起来;用"菱形框"表示实体型之间的联系成因,在菱形框内写明联系名,并用"实心线段"分别与有关实体型连接起来,同时在"实心线段"旁标上联系的类型（$1:1,1:n$ 或 $m:n$）。图 4-2 是 E-R 图的一个示例。

2. 数据流图

数据流图或数据流程图（DFD）是描述系统中数据流程的一种图形工具,它标志了一个系统的逻辑输入和逻辑输出,以及把逻辑输入转换为逻辑输出所需的加工处理,是以图形的方式描绘数据在系统中流动和处理的过程,是一种功能模型。值得注意的是,数据流图不是传统的流程图,数据流也不是控制流。数据流图是从数据的角度来描述一个系统,而框图是从对数据进行加工的工作人员的角度来描述系统。数据流图是一种图形化技术,它描绘信息流和数据从输入移动到输出的过程中所经受的变换。只是描绘数据在软件中流动和被处理的逻辑过程,图中没有任何物理部件。设计数据流图时只需考虑系统必须完成的基本逻

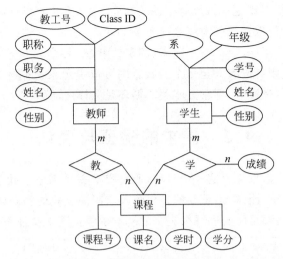

图 4-2　教学管理部分 E-R 图

辑功能,完全不需要考虑怎样具体地实现这些功能。数据流图中的处理不一定只是一个程序,也可以是一个模块。数据流图中的一个数据存储也并不等同于一个文件,也可以是文件的一部分;如果数据的源点和终点用同一个符号表示,则至少有两个"箭头"和这个符号相连。

　　数据流图中只有 4 种符号,图 4-3 是某网站的销售业务流程,图 4-4 是销售业务 DFD。

1.接单
2.暂存订单
3.检查库存
　　如果没货:发出订货通知
　　如果有货:跳转至第4步
4.向会计发出收款单
5.通知顾客付款
6.顾客付款给会计
7.会计收款并发回收据
8.修改库存
9.完成订单

图 4-3　销售业务流程

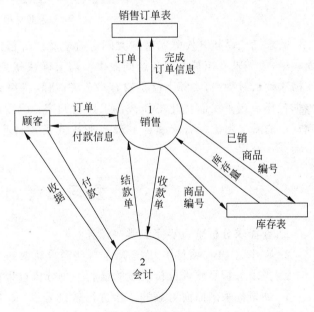

图 4-4　销售业务 DFD

3. 状态转换图

　　状态转换图(简称状态图)通过描绘系统的状态及引起系统状态转换的事件,来表示系统的行为。状态图还指明了作为特定事件的结果系统将做哪些动作(如处理数据)。因此,状态图提供了行为建模机制。状态是任何可以被观察到的系统行为模式,一个状态代表系统的一种行为模式。状态规定了系统对事件的响应方式,系统对事件的响应,既可以是做一个(或一系列)动作,也可以是仅仅改变系统本身的状态,还可以是既改变状态又做动作。

状态主要有:初态(即初始状态)、终态(即最终状态)和中间状态。在一张状态图中只能有一个初态,而终态则可以有 0 至多个。状态图可以表示系统循环运行过程和系统单程生命期。描绘循环运行过程时,通常并不关心循环是怎样启动的。

4.5 需求的验证与确认

需求验证并不是严格意义上的一个阶段,而是贯穿整个需求演化、分解、实现的一系列质量保障活动,包括评审、测试,最重要的是保障需求同源。验证和确认的区别,一个是内部的,一个是客户参与的,都是防止和减少失真的基本手段。需求验证 V 模型如图 4-5 所示。

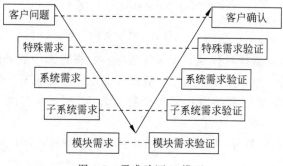

图 4-5 需求验证 V 模型

需求确认是指开发方和客户共同对需求文档进行评审,双方对需求达成共识后做出书面承诺,使需求文档具有商业合同效果。需求确认就是对客户实际诉求的重复了解。我们在需求确认过程中,实际上就是对客户业务流程、流程节点、角色等环节进行记录总结,后续根据各环节当下所需优化工作或诉求进行归宗;后续通过与客户不断地沟通确认,从而达到真正的需求确认。需求确认一般有非正式需求评审、正式需求评审和获取需求承诺等步骤。

复习思考题

1. 在需求分析阶段要完成哪些任务?

2. 在小组 PBL 项目中,你运用了哪些需求获取的方法? 说明你的理由。

3. 需求分析是软件分析阶段的最后一个分析过程,请谈一下需求分析的意义。

4. 如果你采用面向对象的方法进行软件开发,那么,你还需要进行需求分析吗? 如果需要,要怎样进行分析?

5. 举例说明,你是怎样运用需求分析工具进行需求建模的。

第5章　软件设计

学习目标

1. 理解软件体系结构与设计复用的相关概念和技术；
2. 了解软件设计策略与方法；
3. 了解软件设计工具、视图和软件设计表示方法；
4. 掌握结构化设计法的思想、原则、任务和工作步骤；
5. 掌握面向对象法三层设计思想、原则、建模工具和工作步骤；
6. 掌握数据库设计的工作步骤、设计内容和要求；
7. 理解界面设计的通用原则、交互模式及相关要求和设计步骤；
8. 培养学生以人为本、服务群众的意识；增强学生透过现象看本质、从事物本质分析问题的业务能力；培养学生精益求精、勇于创新、敢于实践、追求卓越的工匠精神。

设计是解决问题的一种方式，面对设计的各种约束和限制，往往没有确定性的设计方案。软件设计是软件开发过程中的重要组成部分，包括体系结构设计和详细设计。软件设计的输出结果是模型和工件，记录了设计所采用的主要决策及决策的合理性解释，有助于软件产品的长期可维护性。

5.1　软件体系结构与设计复用

软件体系结构（Software Architecture）由构成系统的元素、元素的相互作用、指导元素集成的模式以及这些模式的约束组成，为软件系统提供了一个结构、行为和属性的高级抽象。它不仅指定系统的组织结构和拓扑结构，显示系统需求和构成系统的元素之间的对应关系，并且提供一些设计决策的基本原理。软件体系结构是可传递和可复用的模型，通过研究软件体系结构可以预测软件的质量。

软件体系结构是项目干系人进行交流的手段，明确了对系统实现的约束条件，决定了开发和维护组织的组织结构，制约着系统的质量属性。软件体系结构使推理和控制更改更简单，有助于循序渐进的原型设计。

1. 构件

构件（Component）又称组件，是一个功能相对独立的具有可重用价值的软件单元。可以认为构件是一个封装的代码模块或大粒度运行模块，也可以认为构件是具有一定功能、能够独立工作或与其他构件组合起来协调工作的对象。

在结构化方法中，一个构件由一个功能完整的函数或过程构成，也称为模块；在面向对象方法中,一个构件由一组对象构成,包含了一些协作的类的集合,它们的共同工作相当于某种系统功能。

2. 构件技术

对于构件,应当按可重用的要求进行设计、实现、打包、编写文档。构件应当是内聚的,并具有相当稳定的、开放的接口。

为了使构件更切合实际、更有效地被重用,构件应当具备可变性和通用性。可变性越好,构件就越易于调整,以便适用于应用的具体环境;通用性越好,其被重用的面就越广。针对不同的应用系统,只需对其可变部分进行适当地调整,重用者要根据重用的具体需要,改造构件的可变特性。

3. 软件复用

可复用性是指软件构件或产品(如设计模型、代码、文档等)能重复使用的程度。软件复用是使用已有的软件产品来开发新的软件系统的过程。

软件复用的形式大体可分为垂直式复用和水平式复用。水平式复用是复用不同应用领域中的软件元素,例如数据结构、排序算法、人机界面构件等。垂直式复用是在一类具有较多公共性的应用领域之间复用软件构件。由于在两个截然不同的应用领域之间进行软件复用潜力不大,所以垂直式复用受到广泛关注。

软件复用的范围不仅涉及源程序代码,软件开发的全生命周期都有可复用的价值,包括项目的组织、成本估计、架构、软件需求、规格说明、设计、源程序代码、用户文档和技术文档、实现、用户界面、数据结构、测试方法和测试用例,都是可以被重复利用和借鉴的有效资源。

4. 软件复用技术

软件复用是提高软件生产力和质量的重要技术,软件复用技术包括体系结构样式、设计器模式、程序族和框架等。

1) 体系结构样式

体系结构样式是指对软件组成元素及其关系的类型的限定和使用约束。它从高层定义了可复用的体系结构设计。主要的体系结构样式包括以下 5 种:

(1) 通用结构:如分层样式、管道过滤样式、黑板样式;

(2) 分布式系统:如客户端-服务器样式、三层样式、代理样式;

(3) 交互式系统:如模型-视图-控制器样式、表示-抽象-控制样式等;

(4) 自适应系统:如微内核样式、反射样式;

(5) 其他:如批处理样式、解释器样式、进程控制样式、基于规则的样式等。

2) 设计器模式

设计器模式是指针对特定上下文中的特定公共问题的共性解决方案,它从较低层次描述了可复用的设计细节,主要设计模式包括:

(1) 创建型模式:构造器模式、工厂模式、原型模式、单例模式;

(2) 结构型模式:适配器模式、桥接器模式、组合模式、装饰器模式、剖面模式、享元模式、代理模式;

(3) 行为型模式:命令模式、解释器模式、迭代模式、中介模式、备忘录模式、观察者模式、状态模式、策略模式、模板模式、访问者模式。

3）程序族

复用软件设计和组件的另一种途径就是设计程序族,也称软件产品线,需要识别出族中成员的共性,设计可复用可裁剪的组件来解决族内成员之间的可变性,如手机软件产品线、航空软件产品线。

4）框架

框架是"半成品"软件系统,实现了系统中的共性体系结构和组件,并通过插件等机制对尚未实现的部分进行补充和扩展,常见的组件有 Spring、MyBatis、Node.js 等。

5.2 软件设计策略与方法

有很多通用策略用以指导软件设计过程。相对于软件设计的通用策略,软件设计方法则专注于提供一组特定的符号、规范化的过程和使用该方法的指南。软件工程师通常使用这些方法作为通用的设计框架。

1. 通用策略

在软件设计过程中常见的通用策略有分而治之策略、自顶向下策略、逐步求精策略、自底向上策略、启发式策略、模式与模式语言策略,迭代与增量策略等。

2. 结构化设计方法

结构化设计是一种经典的面向过程的软件设计方法,它将系统过程分解成一个容易实现和维护的计算机程序模块,其核心是识别软件的主要模块,然后自顶向下按照各种设计规则和设计指南逐层分解和细化这些模块,模块需要满足高度内聚和松散耦合的特征。结构化设计通常在结构化分析之后使用,基于结构化分析所产生的数据流图和相关过程描述,使用各种策略将数据流图转换为软件体系结构的表示(模块结构图)。

3. 面向对象的设计方法

面向对象的设计从现实世界中客观存在的事务出发,来构造软件系统,并在系统的构造中尽可能地运用人类的自然思维方式,把系统看成对象的集合,每个对象都有自己的数据,用对象来完成所需要的任务,对象根据情况执行一定的行为。面向对象分析与设计的建模语言是 UML。后续发展到基于构件的设计,可通过诸如反射等机制来定义和访问软件设计中的元信息。尽管面向对象设计根源于数据抽象的概念,责任驱动的设计也已被广泛用作面向对象设计的另一种方法。

4. 以数据结构为中心的设计方法

以数据结构为中心的设计是一种用来计划、分析和设计信息系统的模型驱动的、以数据为中心但对过程敏感的技术,始于程序所操作的数据结构,而不是它所执行的函数。软件工程师首先描述软件输入/输出的数据结构,然后再根据这些数据结构图开发程序的控制结构,主要工具是数据模型图。

5. 基于构件的设计方法

软件构件是一个独立单元,具有良好定义的接口和依赖关系,可以被组合和独立部署。基于构件的设计所解决的主要问题是构件的提供、开发和集成,目的是提高可复用性。已有的可复用软件构件应和新软件一样满足相同的安全性需求。信任管理是另一个设计关注点,通常情况下一个构件不应依赖于其他具有更低可信度的构件或服务。

6. 其他方法

（1）迭代与自适应方法：实现软件增量，不强调严格的软件需求和设计。如原型化方法是一种反复迭代过程，它需要设计人员和用户之间保持紧密的工作关系，通过构造一个预期系统的小规模的、不完整的但可工作的示例来与用户交互设计结果。原型设计方法鼓励并要求最终用户主动参与，这增加了最终用户对项目的信心和支持。原型更好地适应最终用户总是想改变想法的自然情况。原型是主动的模型，最终用户可以看到并与之交互。

（2）面向方面设计：一种通过使用方面（Aspect）来实现软件需求分析中所识别出的横切关注点和对软件进行横切拓展的软件设计方法。

（3）面对服务的体系结构：一种通过在分布式计算机上运行服务的方式来构建分布式软件的方法，通过标准协议（如 HTTP、HTTPS、SOAP）支持服务器通信与服务信息交换，一个软件系统可使用不同提供商提供的服务来构建。

（4）模型驱动设计：模型驱动设计是一种系统设计方法，强调通过绘制图形化系统模型描述系统的技术和实现。通常从模型驱动分析中开发的逻辑模型导出系统设计模型，最终，系统设计模型将作为构造和实现新系统的蓝图。

（5）快速应用开发。快速应用开发是一种系统设计方法，是各种结构化技术与原型化技术和联合应用开发技术的结合，用以加速系统开发。快速应用开发要求反复地使用结构化技术和原型化技术来定义用户的需求并设计最终系统。

5.3 软件设计表示

软件设计有很多软件设计工具，采用的工具不一样，呈现出的软件表示可能不一样；不同的视角描述软件体系结构，表示也不一样；同时有些表示方法可用于描述软件设计制品，有些用于体系结构设计和详细设计，还有一些表示方法专门用于特定的软件设计方法。

5.3.1 软件设计工具

1. 软件体系结构建模工具

软件体系结构建模工具为软件体系结构的可视化和设计阶段的分析推理提供工具支撑。可分为三类：

（1）支持图形化和形式化的软件体系结构建模语言。

为软件体系结构的设计过程提供逐渐分解和细化的支持，从多个视角（如静态结构、动态结构等）来描述体系架构，如 UML、IDEF、BPMN 等。

（2）软件体系结构描述语言（ADL）。

由于 ADL 形式化程度较高，此类工具支持对系统的定量化分析。

（3）支持软件设计决策的建模工具。

帮助设计人员对体系结构设计中的问题、方案、决策、理由进行显式建模，完成从需求到体系结构的设计过程。部分工具还提供了体系结构方案，支持设计级的复用。

2. 模型驱动的软件体系结构工具

该类工具的核心是模型和模型转化，强调各阶段（需求、设计等）软件制品的模型化，并支持模型之间的自动和半自动转化。

3. 用户界面设计工具

界面设计包括三方面的设计：软件构件与构件之间的接口设计、软件内部与外部系统之间的接口设计、软件与使用者之间的交互设计。用户界面设计工具通常特指第三方面的设计，不仅对界面进行详细描述，还对交互流程做出完整说明。用户界面设计工具为图形化用户界面的快速设计提供了良好支持。

4. 数据库设计工具

数据库设计工具帮助用户可视化设计数据库结构，可产生数据流程图、概念数据模型、逻辑数据模型和物理数据模型，并提供数据管理功能。通常包含：用于创建复杂数据建模的实体—关系（ER）模型、正向和逆向数据库工程，为用户创建高质量数据模型、为数据完整性和一致性提供支持。一般能够支持一种或多种数据库系统。

5.3.2 软件视图

可以从各种不同的高层剖面描述软件体系结构并形成文档，这些剖面通常称为视图。每个视图表达了软件系统及体系结构的特定属性。一般可以从四个不同的视角加场景来描述软件体系结构。每一个视图只关心系统的一个侧面，四个视图结合在一起才能反映系统的软件体系结构的全部内容。

1. 逻辑视图（Logic View）

主要关注功能需求的满足性，即系统提供给最终用户的服务。在面向对象技术中，通过抽象、封装和继承，可以用对象模型来代表逻辑视图，用类图来描述逻辑视图。逻辑视图中使用的风格为面向对象的风格，逻辑视图设计中要注意的主要问题是要保持一个单一的、内聚的对象模型贯穿整个系统。

2. 开发视图（Development View）

开发视图也称为模块视图（Module View），主要关注系统如何分解为实现单元并显式地表达它们之间的依赖关系。开发视图侧重于软件模块的组织和管理，通过系统输入/输出关系的模型图和子系统图来描述。可以在确定了软件包含的所有元素之后描述完整的开发视图，也可以在确定每个元素之前，列出开发视图原则。

3. 进程视图（Process View）

进程视图关注系统的并发问题，侧重于系统的运行特性，主要关注一些非功能性的需求，例如系统的性能和可用性。进程视图强调并发性、分布性、系统集成性和容错能力，以及逻辑视图中的主要抽象如何适合进程结构。

4. 物理视图（Physical View）

物理视图主要关注系统的物理结构与分布问题，如考虑如何把软件映射到硬件上，它通常要考虑到解决系统拓扑结构、系统安装、通信等问题。

面向对象开发方法中也把软件视图分为五类：用例视图、逻辑视图、并发视图、组件视图和部署视图。

场景（Scenarios）可以看作那些重要系统活动的抽象，它使 4 个视图有机联系起来，从某种意义上说场景是最重要的需求抽象。在开发体系结构时，它可以帮助设计者找到体系结构的构件和它们之间的作用关系。同时，也可以用场景来分析一个特定的视图，或描述不同视图构件间是如何相互作用的。场景可以用文本表示，也可以用图形表示。

5.3.3 软件设计表示方法

软件设计通常会使用多种表示方法。这里将软件设计的表示方法分为结构描述(静态视图)、行为描述(动态视图)两类。

1. 结构描述

以下基于图形化或形式化方法的软件设计表示方法均可用于描述软件的结构,即描述构成系统的主要组件及其互连方式,作为软件设计的静态视图。

(1) 体系结构描述语言(ADL):以组件和连接件的方式描述软件体系结构的文本语言,通常是形式化的。

(2) 类图与对象图:用于表示一组类(或对象)及其相互关系。

(3) 构件图:用于表示一组构件及其相互关系,这里的"构件"是指遵从抽象接口定义并提供相应接口实现的物理部件。

(4) 类—职责—协作卡(CRC):用于标识组件(类)的名字、职责、组件之间协作关系的名字。

(5) 部署图:用于表示一组物理节点及其相互关系,并建模表示软件的物理特性。

(6) 实体关系图(ERD):用于表示数据的概念模型。

(7) 接口描述语言(DL):与编程语言类似的语言,用于定义软件组件的接口。

(8) 结构图:用于描述程序的调用结构,即一个模块会调用哪些其他模块以及个模块会被哪些其他模块所调用。

2. 行为描述

以下表示方法和语言用于描述软件系统与组件的动态行为,有些是图形化形式的,有些是文本形式的,大多适用于详细设计阶段。行为描述还可以包含设计决策的依据与理由。

(1) 活动图:用于描述活动之间的控制流,也可用于表示多活动之间的并发。

(2) 通信图:用于描述一组对象之间发生的交互,重点描述对象、对象间的链接,以及它们通过这些链接交换的消息。

(3) 数据流图(DFD):用于显示元素之间的数据流。数据流图是对操作类元素所构成的网络中的信息流的描述,其中每个元素使用或修改流入该元素的信息,并产生流出该元素的信息。由于数据流可用于识别可能攻击和暴露保密信息的路径,数据流及数据流图也可用于安全性分析。

(4) 决策表与决策图:用于表示条件与动作的复杂组合。

(5) 流图:用于表示控制流及被执行的关联操作。

(6) 时序图:用于显示一组对象之间的交互,主要强调对象之间消息传递的时间顺序。

(7) 状态转换图与状态图:用于显示从一个状态到另一个状态的控制流,以及状态机中各组件基于其当前状态的行为变化。

(8) 形式化规约语言:是一种文本语言,使用基本的数学符号来严格、抽象地定义软件组件的接口与行为,通常采用前置条件和后置条件的形式。

(9) 伪代码与程序设计语言(PDL):类似于结构化程序设计语言,用于描述过程或方法的行为,通常用在详细设计阶段。

5.4 结构化设计方法

结构化设计是一种面向数据流的方法,把系统看成一些与数据交互的过程,数据与过程隔离保存,当程序运行时,就创建或者修改数据文件。它以软件需求规格说明书(SRS)和结构化分析(SA)阶段所产生的文档、数据流图和数据字典等为基础,是一个自顶向下、逐步求精和模块化的过程。

5.4.1 结构化设计的思想

结构化分析方法的基本思想是自顶向下逐层分解。对于一个复杂的问题,很难一下子考虑问题的所有方面和全部细节,通常可以把一个大问题分解成若干个小问题,每个小问题再分解成若干个更小的问题,经过多次逐层分解,每个最底层的问题都是足够简单、容易解决的,于是复杂的问题也就迎刃而解了。

结构化设计把系统看作一个过程的集合体加数据存储,利用数据流图(Data Flow Diagram,DFD)、数据字典(Data Dictionary,DD)来分析数据,利用功能结构图和模块结构图来描述系统系统体系结构,利用结构化语言、判定表、判定树描述数据加工的过程。

5.4.2 结构化设计的原则

在结构化方法中,模块化是一个很重要的概念,它是将一个待开发的软件分解成为若干个小的简单部分——模块,每个模块可以独立开发、测试。这是一种复杂问题的"分而治之"原则,其目的是使程序的结构清晰,易于测试与修改。

通常将模块的接口和功能定义为其外部特性,将模块的局部数据和实现该模块的程序代码称为内部特性。而在模块设计时,最重要的原则就是实现信息隐蔽和模块独立。

信息隐蔽原则:信息隐蔽是开发整体程序结构时使用的法则,即将每个程序的成分隐蔽或封装在一个单一的设计模块中,并且尽可能少地暴露其内部的处理。通常将难的决策、可能修改的决策、数据结构的内部连接,以及对它所做的操作细节、内部特征码、与计算机硬件有关的细节等隐蔽起来。通过信息隐蔽可以提高软件的可修改性、可测试性和可移植性,它也是现代软件设计的一个关键原则。

模块独立原则:模块独立是指每个模块完成一个相对独立的特定子功能,并且与其他模块之间的联系最简单。保持模块的高度独立性,也是设计过程中的一个很重要的原则。通常用耦合(模块之间联系的紧密程度)和内聚(模块内部各元素之间联系的紧密程度)两个标准来衡量,设计的目标是高内聚、低耦合。

内聚表示模块内部各成分之间的联系程度,是从功能角度来度量模块内的联系,一个好的内聚模块应当恰好做目标单一的一件事情。

耦合表示模块之间联系的程度。紧密耦合表示模块之间联系非常强,松散耦合表示模块之间联系比较弱,非耦合则表示模块之间无任何联系,是完全独立的。

除了满足以上两大基本原则之外,通常在模块分解时还需要注意:保持模块的大小适中,尽可能减少调用的深度,直接调用该模块的个数应该尽量大,但调用其他模块的个数则不宜过大;保证模块是单入口、单出口;模块的作用域应该在控制域之内;功能应该是可预测的。

5.4.3 结构化设计的任务

结构化设计方法特别适合数据处理领域的问题,但是不适合解决大规模的、特别复杂的项目,主要包括以下四个内容,最终表现形式主要是模块结构图,模块结构图中的元素包括模块、调用、数据、控制信息和转接符号。

(1)体系结构设计:根据数据流图进行体系结构设计,定义软件的主要结构元素及其关系。

(2)数据设计:根据数据字典和实体关系图进行数据设计,基于实体联系图确定软件涉及的文件系统的结构及数据库的表结构。

(3)接口设计:根据数据流图进行接口设计,描述用户界面,软件和其他硬件设备、其他软件系统及使用人员的外部接口,以及各种构件之间的内部接口。

(4)过程设计:根据加工规格说明书和控制规格说明书进行过程设计,确定软件各个组成部分内的算法及内部数据结构,并选定某种过程的表达形式来描述各种算法。

5.4.4 结构化设计的两个阶段

结构化设计将软件设计成由相对独立且具有单一功能的模块组成的结构,分为概要设计和详细设计两个阶段。

概要设计:又称为总体结构设计,主要任务是将系统的功能需求分配给软件模块,确定每个模块的功能和调用关系,形成软件的模块结构图,即系统结构图。

详细设计:主要任务是在概要设计将系统开发的总任务分解成许多个基本的、具体的任务的基础上,进一步为每个具体任务选择适当的技术手段和处理方法。

5.4.5 结构化设计的工作步骤

(1)分析研究业务流程:调研了解业务流程,绘制出业务流程图。

(2)建立系统逻辑模型。在业务流程图的基础上,舍去实物,保留数据流,画出数据流图,建立数据字典。

(3)进行概要设计:设计软件的结构、确定系统是由哪些模块组成,以及每个模块之间的关系。它采用结构图(包括模块、调用、数据)来描述程序的结构,此外还可以使用层次图和 HIPO(层次图加输入/处理/输出图)。

(4)进行详细设计:确定应该如何具体地实现所要求的系统,得出对目标系统的精确描述。采用自顶向下、逐步求精的设计方式和单入口单出口的控制结构。常使用的工具包括程序流程图、盒图、PAD 图、PDL 等。

5.4.6 结构化设计案例

1. 业务描述

由需要购置设备的部门填写申购表,将此表格送交设备处,设备科填写预算表送财务处,财务处核对后,将资金返回设备处,设备处利用资金购买设备,将购得设备送需要购置设备的部门,将收据送财务处。业务流程图如图 5-1 所示。

2. 数据流图

系统分析阶段根据业务流程图,去除实物等计算机不可处理的东西,通过现象看本质,分析计算机能处理的数据,梳理出数据流,并本着精益求精、勇于创新敢于实践、追求卓越的

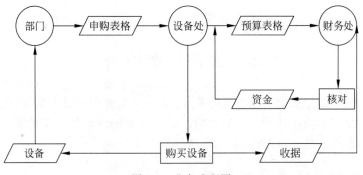

图 5-1　业务流程图

工匠精神对数据流进行核查,甚至创新地进行业务重构,重整数据流,建立系统的逻辑模型——数据流图,同时建立数据字典对数据流图进行补充说明,如图 5-2 所示。

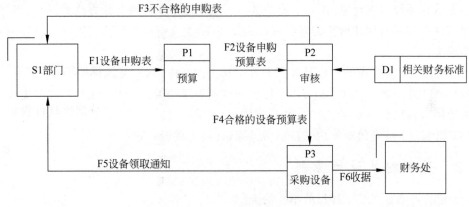

图 5-2　数据流图

3. 模块结构图

系统设计阶段特别是概要设计阶段的主要任务是根据分析阶段获得的数据流图,采用变换分析法,将数据流图转换为模块结构图——系统体系结构,如图 5-3 所示。

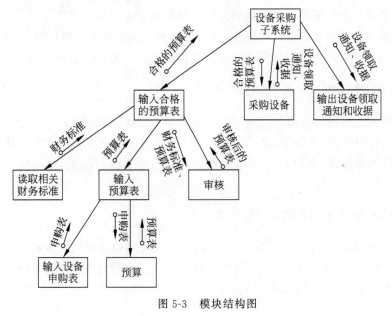

图 5-3　模块结构图

然后在利用 IPO 图、NS 图、数据流图等对各模块进行详细设计。

5.5 面向对象设计法

与传统方法相比,把系统看成对象的集合,每个对象都有自己的数据,用对象来完成所需要的任务,对象根据情况执行一定的行为。面向对象的设计从现实世界中客观存在的事物出发,来构造软件系统,更接近人类的自然思维方式。

5.5.1 面向对象三层设计思想

面向对象设计法从现实世界中客观存在的事物出发来建立软件系统,强调直接以问题域(现实世界)中的事物为中心来思考问题、认识问题,并根据这些事物的本质特征,把它们抽象地表示为系统中的对象,作为系统的基本构成单位。在面向对象方法中,把一切都看成是对象。具有共同属性和操作的对象可以抽象成类,类又可以被分为实体类、接口类和控制类三个层次。

(1)实体类:实体类的对象是显示世界中真实的实体,如人类、动物等;

(2)接口类:接口类的对象为用户提供一种与系统交互的方式,分为人和系统两大类,其中人的接口可以是显示屏、窗口、Web 窗体、菜单等;

(3)控制类:该类的对象用来控制活动流,充当协调者。

5.5.2 面向对象设计原则

(1)单一职责原则:设计目的单一的类。

(2)开放—封闭原则:对扩展开放,对修改封闭(多扩展,少修改)。

(3)李氏替换原则:子类可以替换父类。

(4)依赖倒置原则:要依赖于抽象,而不是具体实现;针对接口编程,不要针对实现编程。

(5)接口隔离原则:使用多个专门的接口比使用单一的总接口要好。

(6)组合重用原则:要尽量使用组合,而不是继承关系达到重用的目的。

(7)迪米特原则(最少知识法则):一个对象应当对其他对象有尽可能少的了解。

5.5.3 面向对象软件设计建模工具

UML 一系列图可以分为结构图和行为图或者分为静态图和动态图。

静态图/结构图包括:用例图、类图、对象图、包图、组合结构图、构件图、部署图。

动态图/行为图包括:顺序图/序列图、通信图/协作图、定时图、状态图、活动图、交互概览图。

5.5.4 面向对象设计的工作步骤

面向对象开发方法分分析与设计两个阶段,但并不像结构化方法那么明显,很多情况下都是迭代增量的一个开发过程,两个阶段产生的分析模型和设计模型所用的表示图形都一样,知识详略程度不一样而已,聚焦点不一样而已。

1. 面向对象的分析(OOA)

运用面向对象方法,对问题域和系统责任进行分析和理解,找出描述问题域及系统责任所需的对象,定义对象的属性、操作以及它们之间的关系。其目标是建立一个符合问题域、满足用户需求的 OOA 模型。

问题域即被开发系统的应用领域,即在现实世界中由这个系统进行处理的业务范围。系统责任指所开发的系统应该具备的职能。

2. 面向对象的设计(OOD)

从 OOA 到 OOD 不是转换,而是调整和增补。使 OOA 作为 OOD 模型的问题域部分,增补其他四部分,成为完整的 OOD 模型。有不同的侧重点和不同的策略 OOA 主要针对问题域,识别有关的对象以及它们之间的关系,产生一个映射问题域,满足用户需求,独立于实现的 OOA 模型。OOD 主要解决与实现有关的问题,基于 OOA 模型,针对具体的软、硬件条件产生一个可实现的 OOD 模型。

5.5.5　面向对象设计案例

1. 业务描述

网络的普及带给了人们更多的学习途径,随之而来的管理远程网络教学的"远程网络教学系统"诞生了。"远程网络教学系统"的功能需求如下:

管理员进入系统后,可以创建课程,指定任课教师,将课程信息保存在数据库中并可以对课程进行改动和删除。

教师进入系统后,可以更新维护课程,上传课件、教学视频等。

学生登录网站后,可以选课、浏览课件、查找课件、下载课件、观看教学视频,学习课程,进行课程测试,系统自动批卷。

用户需要登录"远程网络教学系统"后才能正常使用该系统的所有功能。如果忘记密码,可与通过"找回密码"功能恢复密码。

在"远程网络教学系统"中,学生或教师可以在客户的 PC 上通过浏览器,如 IE 9.0 等,登录到远程网络教学系统中。在 Web 服务器端,安装 Web 服务器软件,部署远程网络教学系统,Web 服务器与数据库服务器连接。数据库服务器使用 SQL Server 2000 提供数据服务。

2. 用例模型

根据业务描述,首先需要建立用例模型,即用例图和用例描述。用例图如图 5-4 所示。

用例描述可以使用正文描述(包括用例名、参与者、前置条件、事件流和后置条件),也可以用活动图进行描述。

3. 静态模型

主要是对系统的静态结构进行描述,依据用例图,利用三层设计原理分别先后确定问题域、GUI 类和数据访问类,其中最核心的是问题域类的确定。通过现象看本质,分析用例实现需要哪些对象类来支撑,每个对象类应该定义哪些属性和操作,并本着精益求精、勇于创新、敢于实践、追求卓越的工匠精神对对象类进行核查。运用动名词方法找出候选类,然后进行筛选,确定如图 5-5 所示的问题域类图,再利用 CRC 卡片法检查其合理性。

4. 动态模型

根据用例模型和静态模型,为每一个用例建立相应顺序图或协助图。顺序图横轴是对

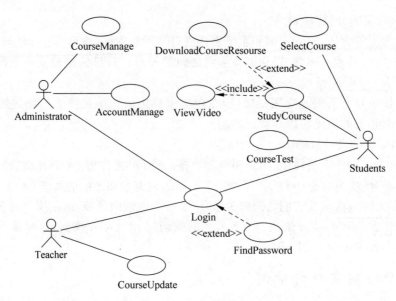

图 5-4　用例图

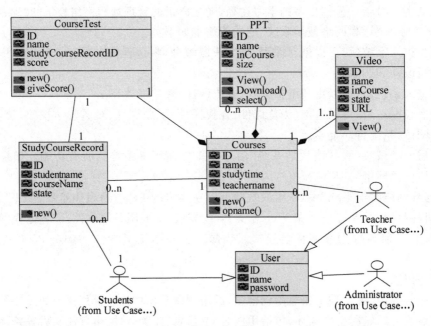

图 5-5　类图

象轴，所呈现的对象一定要跟类图中的类对应，纵轴为时间轴，表示时间自上而下顺延。描述其动态实现过程。如创建课程顺序图如图 5-6 所示，学生选课顺序图如图 5-7 所示。

5．系统部署

系统部署主要描述系统的软硬件分布情况，可分别用组件图和部署图来表示，部署图中用立方体表示硬件。部署图中用带阴影的立方体表示处理器，有一定的数据处理能力，如服务器、工作站等；不带阴影的立方体表示设备，如打印机、扫描仪、网卡等。组件图中用一个大矩形和两个小矩形表示组件，即一组文件，分组标准不一样，组件图也不一样。本例组件图和部署图如图 5-8 和图 5-9 所示。

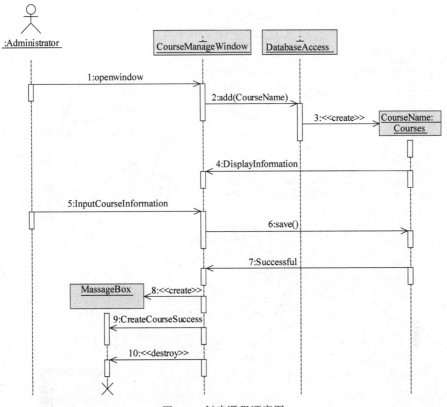

图 5-6 创建课程顺序图

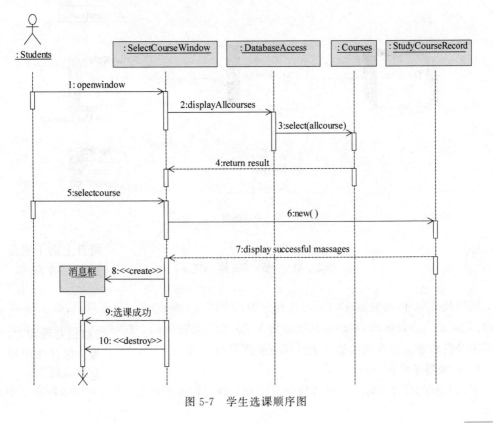

图 5-7 学生选课顺序图

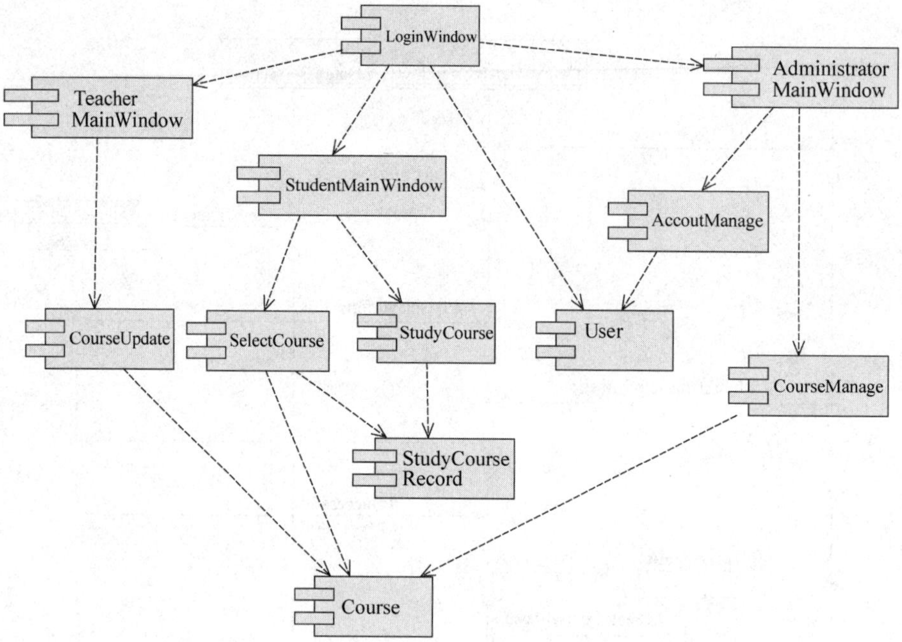

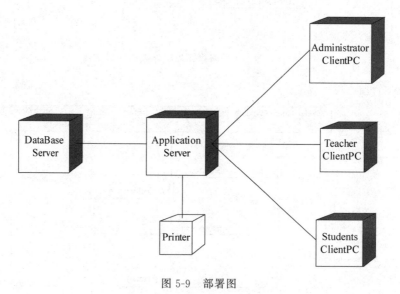

图 5-8　组件图

图 5-9　部署图

5.6　数据库设计

按照规范设计,将数据库的设计过程分为六个阶段:系统需求分析阶段、概念结构设计阶段、逻辑结构设计阶段、物理结构设计阶段、数据库实施阶段、数据库运行与维护阶段,其中需求分析和概念结构设计独立于任何数据库管理系统。

1. 系统需求分析

需求分析的任务:对现实世界要处理的对象进行详细的调查,通过对原系统的了解,收集支持新系统的基础数据并对其进行处理,在此基础上确定新系统的功能。可细分为调查分析用户活动;收集和分析需求数据,确定系统边界信息需求,处理需求,安全性和完整性需求;编写系统分析报告。

2. 概念结构设计

概念结构设计的目标是设计数据库的 E-R 模型图,确认需求信息的正确性和完整性。具体来说,就是从需求分析中找到实体,确认实体的属性、确认实体的关系,画出 ER 图。

3. 逻辑结构设计

逻辑结构设计的任务是将概念结构设计阶段完成的实体模型转换成特定的 DBMS 所支持的数据模型的过程。逻辑结构设计的目的是将 E-R 图中的实体、属性和联系转换为关系模式。

实体间关系转换遵循的原则:

一个实体转换为一个关系模式,实体的属性就是关系的属性,实体的键就是关系的键。

一个联系转换为一个关系模式,与该联系相连的各实体的键以及联系的属性均转换为该关系的属性。

应用数据库设计的范式理论对初始关系模型进行优化。数据库设计的三大范式如下:

第一范式:每一个分类必须是一个不可分的数据项。属性不可再分,确保每列的原子性。

第二范式:要求每个表只描述一件事情,每条记录有唯一标识列。

第三范式:数据库表中不包含已在其他表中已包含的非主关键字信息。

4. 物理结构设计

物理结构设计:对于给定的逻辑数据模型,选取一个最适合应用环境的物理结构,确定数据库管理系统、数据存储方法和存储结构等,评价时间和空间效率。

5. 数据库实施

数据库实施是根据逻辑设计和物理设计的结果,在计算机上建立实际的数据库结构、装入数据、进行测试和试运行的过程。

6. 数据库运行与维护

数据库运行与维护的主要任务包括维护数据库的安全性与完整性、监测并改善数据库性能、重新组织和构造数据库,只要有数据库系统在运行,就需要不断地进行修改、调整和维护。

5.7　用户界面设计

用户界面(UI,User Interface)也称人机界面,是人机交互、操作逻辑和界面表现的整体设计,是软件设计过程中的必要组成部分。用户界面的设计质量与用户体验直接相关,是产品最接近用户的部分,是产品的"脸面"。

如果说计算机由硬件和软件构成,硬件为计算机提供信息处理的环境支持,软件为计算机提供信息处理的方案,帮助用户解决问题,用户使用电脑实际是在使用软件,本质上是与软件的用户界面打交道的过程。为使软件能发挥全部潜能,用户界面的设计应与其目标用户的技能、经验和期望相吻合。用户界面设计跟用户体验直接相关,必须要有用户思维,要站在用户的角度思考设计人机交互方式让用户操作和控制软件系统。

5.7.1 通用界面设计原则

通用界面设计原则包括以下 7 方面。

（1）易学性。软件界面应该简单容易上手，减少用户的记忆负担，从而用户可以快速掌握。

（2）用户友好性。界面应该使用用户熟悉的术语和概念。

（3）一致性。不同的界面应表现一致，即同类操作应采用相同方式加以执行。

（4）自然性。用户界面的使用方式和交互行为不应让用户感到超出其日常经验，界面元素设计应符合常规逻辑，与用户习惯一致，保证用户可理解，如用户印象里"齿轮"表示"设置"功能，"头像"表示个人中心功能。

（5）可恢复性。界面应允许用户犯错，并具有错误发生后返回正常状态的机制。

（6）用户指南。当错误发生时，界面应为用户提供有意义的反馈和上下文相关的帮助。

（7）用户多样性。界面应为各类用户及残疾人（如盲人、聋哑人、视弱者、色盲者等）提供符合各自特征的交互机制。

5.7.2 用户界面设计的关键问题

用户界面设计的内容包含两方面：用户与软件进行交互的方式（用户交互）；软件反馈给用户的信息如何呈现给用户的方式（信息呈现）。用户界面设计应在恰当的用户交互方式、信息呈现方式、用户的背景和经验、可用设备的特性 4 方面之间折中。

5.7.3 用户交互模式的设计

用户交互模式分为以下 6 类。

（1）问答：交互过程被严格限制为用户和软件之间的一一问答，即用户向软件提出一个问题，软件向用户返回该问题的答案。

（2）直接操纵：用户与计算机屏幕上的对象进行交互，通常经由定位设备（如鼠标、轨迹球、触摸屏上的手指）来操纵屏幕对象，同时触发该对象执行特定的动作。

（3）菜单选择：用户从菜单列表选中相应的操作。

（4）填表：用户填写表格字段。表格中也可包含菜单，用户可以从中选择启动特定操作的动作按钮。

（5）命令语言：用户发出一个命令（包含相应的参数），以告诉软件应该做什么。

（6）自然语言：用户以自然语言发出指令，该指令进一步被解释和翻译成软件内部的可执行指令。

5.7.4 信息呈现设计

信息呈现可以采用文字或图形形式。好的用户界面设计应使信息呈现的方式与信息本身分离开来。MVC（Model-View-Controller）模型是一种将信息本身与其呈现方式有效分离的机制。

软件工程师在设计信息呈现时还需要考虑响应时间和反馈。响应时间是指用户从执行特定的操作开始直到软件给出特定响应所经历的时间。软件执行操作过程中,应给出当前完成进度,完成后进行反馈(例如,重述用户的输入)。

另外,当要呈现给用户的信息量很大时,可以对其进行抽象,

根据信息展示的类型,设计人员可使用颜色来增强界面的表现力,但须遵循以下指导原则:

(1) 限制使用的颜色数景。

(2) 通过颜色的改变来反映软件执行状态的变化。

(3) 使用颜色编码支持用户任务。

(4) 颜色编码的使用应慎重并且一致。

(5) 使用颜色帮助色盲及色弱用户进行信息访问(如改变颜色的饱和度和亮度,尽量避免使用蓝色和红色的组合等)。

(6) 不要仅仅依赖颜色为残疾人用户(如盲人、视弱者、色盲者等)传递重要信息。

5.7.5 用户界面设计过程

用户界面设计是一个迭代的过程,包括三个核心活动:

(1) 用户分析。设计人员分析用户负责执行的任务、所处的工作环境、用户如何与其他用户进行交互。

(2) 软件原型开发。通过开发软件原型,引导用户提出对当前界面设计的意见,以不断完善界面设计,支持用户界面的持续演化直到用户完全满意。

(3) 界面评估。在评估过程中设计人员需观察和评估用户在界面演化过程中的体验,发现待改进问题,进入下一轮迭代。

5.7.6 本地化和国际化

用户界面设计通常需要考虑本地化和国际化,让软件能够适应不同语言、不同地区、目标市场的不同技术需求。国际化是指设计软件使之能够通过简单的修改即可被应用到不同语言和不同地区的过程。本地化是指通过增加本地文字翻译,使软件能够适应特定地区或语言的过程。本地化和国际化需要考虑的因素包括符号,数字、货币、时间和计量单位等。

5.7.7 隐喻和概念模型

界面设计人员可使用隐喻和概念模型建立软件与现实世界之间的映射,从而帮助用户更快地学习和使用界面,如使用垃圾桶图标表示指令"删除文件",作为对该概念的隐喻。需要注意的是,对于特定概念,设计人员不应同时使用多种隐喻,以避免用户混淆。因为不同文化中隐喻的含义和用法可能是不同的,隐喻也可能会为国际化带来潜在问题。

5.7.8 CRAP 设计原则

界面设计中的各个元素需要分清主次关系,图片、文字、线条等都需要有一定的排版秩序才能更好地抓住重点。美国设计大师 Robin Williams 在《写给大家看的设计书》中提出了视觉设计的 CRAP 原则。CRAP 原则是四项基本设计原理,包括对比(Contrast)、重复(Repetition)、对齐(Alignment)、亲密(Proximity),已经被设计师广泛应用。CRAP 原则简

单实用,在网页设计中对文字的排版也非常适用。

（1）对比(Contrast)：如果两个项不完全相同,就应当使之不同,而且应当是截然不同（强烈）的。对比的目的有两个：一是增强页面的表现效果；二是有助于界面信息的组织。

（2）重复(Repetition)：设计的某些方面(元素)需要在整个作品中重复,重复的目的就是统一,并增强视觉效果。

（3）对齐(Alignment)：任何元素都不能在界面上随意安放。每一项都应当与界面上的某个内容存在某种视觉联系。对齐的目的是使界面统一而有条理。

（4）亲密性(Proximity)：将相关的项组织在一起,移动这些项,使它们的物理位置相互靠近。亲密性的目的是实现界面信息的组织化,形成视觉的模块化。在你将界面中的相关元素放在一起展示时,也使界面的空白区域(留白)更加整洁、美观。

5.7.9 用户界面设计的流程

用户界面设计的流程,其实就是设计原则中的任务项的倒叙排列。如下：

（1）理解产品目标及核心功能；

（2）根据不同硬件设备分别设计；

（3）根据用户习惯选择元素；

（4）优化界面逻辑；

（5）精简界面元素；

（6）突出核心功能；

（7）用户测试；

（8）修改初稿；

（9）审核提交设计。

优秀的用户界面设计,通常有以下特征：引导用户视觉；配色合理(与产品功能相符、色彩搭配科学)；考虑用户场景。用户界面的好坏,最终还是要用产品说话,要让用户评价的。

5.8 软件设计质量分析与评价

软件质量是软件产品具有满足规定的或隐含要求能力要求有关的特征与特征总和。影响软件设计的质量因素有很多,包括可维护性、可移植性、易测试性、易用性、正确性、健壮性等。

质量属性可分为3类：运行时可辨识的质量属性(如性能、安全性、有效性、功能性、易用性),运行时不可辨识的质量属性(如可修改性、可移植性、可复用性、易测试性),与架构内在质量相关的属性(如概念完整性、正确性、完整性)。它们之间存在细微的差异。

5.8.1 软件质量分析与评价技术

分析和评价软件设计质量的工具和技术有很多,概括起来可分为以下3种。

1. 软件设计评审

用于判定设计制品质量的形式化或非形式化技术,例如,体系结构评审、设计评审与审查、基于场景的技术、需求跟踪等。软件设计评审可以评价安全性,也可以评审安装、操作和使用等辅助文档(如用户手册与帮助文件)。

2. 静态分析

用于评价设计的形式化或非形式化的静态分析方法,例如,故障树分析[①]和自动交叉检查等。这里的"静态"是指不需要执行软件即可对质量进行分析和评价。例如,针对安全性,可进行设计的脆弱性分析,通过静态分析发现安全漏洞。形式化的设计分析使用数学模型帮助设计人员预测软件的行为和验证软件的性能,从而不再完全依赖于测试。形式化的设计分析也可用于检测设计规格说明书和设计中的错误(不精确性、歧义性、其他错误等)。

3. 仿真与原型法

用于评价设计的动态技术,如性能仿真和可行性原型等。

5.8.2 软件质量度量

度量可用于评估或定量估算软件设计的各个方面,如规模、结构或质量。现有大多数度量都依赖于软件设计所采用的方法,分成两类:

1. 基于功能的结构化设计度量

结构化设计通常采用结构化图表(层次图)描述设计方案,基于这些图表可计算软件功能分解相关的各种度量值。

2. 面向对象的设计度量

设计结构通常用类图表示,并基于此计算出类的各种度量值以及每个类中内部属性的度量值。

5.8.3 软件质量评估

1. 三层结构模型

根据软件质量标准 GB/T 8566—2001G,软件质量评估通常从对软件质量框架的分析开始。软件质量框架是一个"质量特征—质量子特征—度量因子"的三层结构模型:

第一层质量特征是面向管理的质量特征,每一个质量特征是用以描述和评价软件质量的一组属性,代表软件质量的一个方面。软件质量不仅从该软件外部表现出来的特征来确定,而且必须从其内部所具有的特征来确定。

第二层的质量子特征是上层质量特征的细化,一个特定的子特征可以对应若干个质量特征。软件质量子特征是管理人员和技术人员关于软件质量问题的通信渠道。

最下面一层是软件质量度量因子(包括各种参数),用来度量质量特征。定量化的度量因子可以直接测量或统计得到,为最终得到软件质量子特征值和特征值提供依据。

2. 软件质量特征

按照软件质量标准 GB/T 8566—2001G,软件质量可以用下列特征来评价:

(1) 功能特征:与一组功能及其指定性质有关的一组属性,这里的功能是满足明确或隐含需求的那些功能。

(2) 可靠特征:在规定的时间和条件下,与软件维持其性能水平的能力有关的一组

---

① 故障树分析是自上至下的演绎式失效分析方法。——编者注

属性。

（3）易用特征：由一组规定或潜在的用户为使用软件所需做的努力和所做的评价有关的一组属性。

（4）效率特征：与在规定条件下软件的性能水平与所使用资源量有关系的一组属性。

（5）可维护特征：与进行指定的修改所需的努力有关的一组属性。

（6）可移植特征：与软件从一个环境转移到另一个环境的能力有关的一组属性。

3. 软件质量评估指标选取原则

选择合适的指标体系并使其量化是软件测试与评估的关键。评估指标可以分为定性指标和定量指标两种。理论上讲，为了能够科学客观地反映软件的质量特征，应该尽量选择定量指标。但是对于大多数软件来说，并不是所有的质量特征都可以用定量指标进行描述，所以不可避免地要采用一定的定性指标。在选取评估指标时，应做到以下原则：

（1）针对性：即不同于一般软件系统，能够反映评估软件的本质特征，具体表现就是功能性与高可靠性。

（2）可测性：即能够定量表示，可以通过数学计算、平台测试、经验统计等方法得到具体数据。

（3）简明性：即易于被各方理解和接受。

（4）完备性：即选择的指标应覆盖分析目标所涉及的范围。

（5）客观性：即客观反映软件本质特征，不能因人而异。

应该注意的是，选择的评估指标不是越多越好，关键在于指标在评估中所起作用的大小。如果评估时指标太多，不仅增加结果的复杂性，有时甚至会影响评估的客观性。指标的确定一般是采用自顶向下的方法，逐层分解，并且需要在动态过程中反复综合平衡。

5.8.4 软件质量评估指标体系

1. 功能性指标

功能性是软件最重要的质量特征之一，可以细化成完备性和正确性。目前对软件的功能性评价主要采用定性评价方法。

（1）完备性：完备性是与软件功能完整、齐全有关的软件属性。如果软件实际完成的功能少于或不符合研制任务书所规定的明确或隐含的那些功能，则不能说该软件的功能是完备的。

（2）正确性：正确性是与能否得到正确或相符的结果或效果有关的软件属性。软件的正确性在很大程度上与软件模块的工程模型和软件编制人员的编程水平有关。

对这两个子特征的评价依据主要是软件功能性测试的结果，评价标准则是软件实际运行中所表现的功能与规定功能的符合程度。在软件的研制任务书中，明确规定了该软件应该完成的功能，那么即将进行验收测试的软件就应该具备这些明确或隐含的功能。

目前，对于软件的功能性测试主要针对每种功能设计若干典型测试用例，软件测试过程中运行测试用例，然后将得到的结果与已知标准答案进行比较。所以，测试用例集的全面性、典型性和正确性是功能性评价的关键。

2. 可靠性指标

根据相关的软件测试与评估要求，可靠性可以细化为成熟性、稳定性、易恢复性等。对于软件的可靠性评价主要采用定量评价方法。即选择合适的可靠性度量因子,然后分析可靠性数据而得到参数具体值,最后进行评价。

设计软件时不仅要考虑功能性问题,还要考虑许多关键的非功能需求的满足问题,如性能、安全保密性、可靠性、易用性等。这些问题是与软件所在的应用领域无关的通用问题,一般不是软件功能分解的单元,而是以系统方式影响组件的性能或语义的属性。软件设计中非功能性的关键问题包括:并发性、事件控制与处理、数据持久性、组件的分布、异常处理与容错、交互与表现、保密安全性等。

复习思考题

1. 什么是软件体系结构? 软件设计复用的相关技术有哪些?

2. 软件设计策略有哪些? 各有什么优缺点?

3. 软件设计视图可以分哪几种? 各包含哪些图形工具?

4. 结构化设计法的思想是什么? 有哪些设计原则? 概要设计和详细设计的任务是什么? 可用哪些模型或图来表示?

5. 面向对象法三层设计思想是什么? 设计的先后次序如何? 面向对象的设计原则有哪些?

6. 目前面向对象建模的主流工具 UML 中有哪些图形? 哪些可用于建模静态模型? 哪些可用于建模动态模型?

7. 数据库设计的工作步骤有哪些? 各自的设计内容和要求是什么?

8. 界面设计的通用原则有哪些? 常用的人机交互模式有哪些?

第6章　软件构造

软件构造

学习目标

1. 理解软件构造的概念和原则；
2. 了解软件构造管理流程，能制定软件构造技术方案；
3. 了解软件构造约束；
4. 了解软件构造技术，掌握主流软件构造技术；
5. 了解主流的软件构造工具；
6. 培养协作、创新、批判性、质量等意识。

软件构造(Software Construction)是指通过程序编写、验证、单元测试、集成测试和调试纠错等一系列活动，以创建可工作的、有意义的软件的过程。要高质量完成软件构造，必须从生命周期模型深刻理解软件构造在软件开发过程的地位和作用。生命周期模型描述了需求分析、设计、实现、测试和维护等软件开发过程阶段以及各阶段之间的关系。从软件开发过程整体看，软件构造包括了实现与测试阶段，处于把用户需求转为软件产品的后阶段；系统设计阶段是软件构造的前阶段，对软件构造起到指南作用，是软件构造实施的依据，一种设计方案可能有多种软件构造方案；维护阶段是软件构造的后阶段，软件构造的质量对其维护起到关键影响作用。从软件构造阶段内部看，程序编写从设计阶段到输入，输出到测试活动，在不同的生命周期模型下，软件构造内部各活动的边界有不同定义，此外，设计阶段的方法也对软件构造内部活动有影响，例如采用配置方法。

软件构造阶段虽然包括单元测试、集成测试等测试活动，但并不能涵盖所有测试工作，事实上，现代软件测试阶段已经在设计阶段就开始启动。本章主要阐述关于软件构造在代码质量方面的内容，软件测试在第7章完整介绍。

6.1　软件构造原则

软件构造的目标是在满足软件质量要求下，产生高质量代码，最终保证交付的软件产品质量。软件质量包括了软件满足委托用户所期望的各种属性的程度、软件使用者感知到软件满足其综合期望的程度、软件在使用中将满足使用者预期要求的程度。值得注意的是，在进入互联网时代后，软件需求即软件质量要求变更的频度加快，同时要考虑软件生产率和成本的平衡，因此，软件构造需关注以下原则。

6.1.1　最小化复杂性原则

最小化软件开发复杂性是现代软件工程的重要原则，它贯穿于整个软件生命周期模型。

在软件构造阶段,降低复杂性是通过在代码创建时强调代码是简单的和可读的,通过使用构造标准、模块化设计和其他各种具体技术来实现。

6.1.2　预期变更原则

随着时间的推移,用户或软件使用者的需求和预期发生变化是社会发展规律,如果软件产品要延长生命期,就必须根据需求变化进行相应的维护或修改,这又与生产率和成本密切相关,因此很多技术都考虑了变更因素。软件构造阶段,要适应变更,又要对原软件代码不作太大改动是难点。

6.1.3　为验证而构造原则

捕捉代码错误和调试程序是软件构造的重要而困难的工作,可以代码评审、单元测试、自动测试等为目标,遵循相应的程序编写标准进行代码构造,软件在独立测试或使用时,其中的运行细节和错误可以被记录,以被软件工程师、测试人员及使用者发现。

6.1.4　复用原则

大量软件项目实践已证明,软件复用可以有效提高软件生产率、软件质量并节约成本。面向复用的构造(Construction for Reuse)指生产可复用的软件或软件资源。基于复用的构造(Construction with Reuse)目标则是复用已有的软件或资源去构建新的软件。可复用的软件资源通常包括函数库、类库、模块、组件、源代码、框架等。

6.1.5　标准化原则

遵循软件构造标准,有助于提升开发效率、软件质量、维护等方面,同时也对降低成本有帮助。主要标准包括沟通交流标准、编程语言标准、程序编写标准、平台标准、工具标准等,UML、变量命名规范、结构化代码、面向对象接口等都是常用的标准。

6.2　软件构造管理

生命周期模型定义了软件项目管理的具体要求,在软件构造阶段,管理工作包括定义构造活动、制定构造规划和度量构造等。

构造活动的类型和数量与软件项目采用的生命周期模型密切相关。对于线性过程模型,如瀑布模型,构造活动是有明显前后次序的活动序列,且前序活动评审交付后,后序活动才能开始,大多数活动是代码编写。对于迭代模型,如喷泉模型和敏捷开发模型,设计、编码和测试界限不大清晰,部分构造活动是并行或交错进行,尤其是发生用户需求变更,要求短时间交付软件产品的情况。但不管何种过程模型,软件构造都是由代码编写、测试、调试等基本活动组成。

构造规划的制定与项目进度计划类似,但在构造规划中,构造活动的安排一方面受过程模型的约束,同时也会考虑降低复杂性、预期变更和为验证而构造等原则影响,还有系统集成策略、团队任务分配实际情况等。

在制定初步的构造规划以及规划执行过程中,都需要对各种软件构造活动执行效果进行度量,以提高管理成效、保证构造质量和优化规划。需重点度量的构造活动包括代码开发、优化、审查、复用、销毁,程序质量,代码错误定位,团队人力成本等。程序质量注重正确性、可理解性、易维护性、复杂性、易移植性以及效率等。

度量程序的复杂性是常见的构造质量评估方法。规模相同、但程序复杂性不同的软件,在性能、可靠性和成本等方面有很大区别。降低复杂性可提高软件的可理解性,缩短开发时间,减少错误,节约开发成本。程序复杂性度量还可以用于比较软件设计模型或算法的优劣。主要的程序复杂性度量方法有代码行度量法、McCabe 度量法和 Halstead 方法。代码行度量法以程序源代码和注释行数统计。McCabe 度量法基于程序控制流统计,通过计算程序结构中的环路数判断复杂性,环路数越多,说明测试工作量越大,潜在错误越多,维护越难。Halstead 方法以程序的操作符和操作数的总次数估算程序总长度。

结对编程是敏捷开发方法采用的有效提高软件构造质量的方法,可减少程序错误,有利于知识传递,减少项目风险,增加团队责任感和纪律性。两名程序员一起平等地、互补地完成需求分析、系统设计、编码、测试等工作。主要活动包括结对认领任务、交叉单元测试和交叉代码审查。工作时通常 1 人做具体任务,另 1 人负责指引、审查和提醒。

6.3　软件构造约束

软件本质上是为解决实际问题存在的,而问题来源于复杂的现实社会,从软件构造最小化复杂性原则看,在整个软件生命周期中,应通过约束降低问题和解决方案的复杂性,这样能在确保软件质量下,保证生产率和成本的平衡。在软件构造中,以下约束应重点关注以下 6 个重点。

6.3.1　发现更多的软件设计约束

软件设计包括概要设计和详细设计,其中详细设计是软件构造的直接输入,在遇到新的设计要求或团队人员遗漏等情形下,在软件构造阶段会发现设计方案的不足,包括程序结构不周全、算法不详细、数据结构定义需修改等。这时就必须返回设计阶段完善设计方案。在迭代过程模型中,设计、编码和测试经常反复若干次,直至交付满足需求的产品。

6.3.2　选择合适的构造语言和工具

构造语言是用于软件构造阶段的各种符号语言,是支持设计方案实现为可执行性软件产品的重要技术,构造语言的特性会对软件的质量属性产生影响,如性能、可靠性、灵活性、安全性等。

构造语言主要包括配置语言、工具箱语言、脚本语言、程序设计语言等,不同的语言有不同的设计理念和用途,软件团队应该根据软件质量、项目管理、团队技术基础、成本等各方面综合考虑,选择合适的构造语言以及工具。

配置语言可基于有限选项集合,让软件开发者以配置方式开发特定功能或运行形态的软件。工具箱语言则提供更丰富的功能集合,通常为可复用组件,让软件开发者以调用接口或直接使用的方式开发软件。脚本语言采用简洁、高效、灵活的方式编写,通常为解释执行,不需太复杂的执行环境,应用很广泛。程序设计语言包括低级语言和高级语言,低级语言分为机器语言和汇编语言,高级语言应用广泛,语法复杂,功能强大,是现代软件开发的主要技术。常用的典型构造语言见表 6-1。

表 6-1　典型构造语言

类　型	构造语言名称	特　　点
配置语言	XML	标记数据,定义数据类型,数据交换
工具箱语言	MATLAB	矩阵/阵列,高效的数值计算及符号计算,计算结果和编程的可视化,应用工具箱
脚本语言	JavaScript	支持面向对象、命令式、声明式、函数式编程范式,函数优先,解释型,开发 Web 页面
程序设计语言	机器语言	由 0、1 构成指令代码,计算机直接执行
	汇编语言	采用助记符构成指令系统,编译型
	FORTRAN	科学计算、向量处理、循环优化
	ALGOL	程序块结构、递归、动态存储分配
	BASIC	通用符号指令码,简单易学
	PASCAL	结构化编程、数据类型和数据结构丰富
	C	结构化编程、指针,运算符,操作硬件
	Java	面向对象,网络应用,解释型,跨平台
	PROLOG	逻辑型,人工智能语言
	Python	面向对象,高效数据结构,动态类型,解释型,科学计算,网络应用

6.3.3　使用公认的代码编写方法

公认的代表性代码编写方法见表 6-2。

表 6-2　代表性代码编写方法

代码编写方法	优　点
使用命名规范和源代码排版规范	提高可理解性
使用结构化控制结构	提高可读性、可修改性
使用错误处理技术	容易定位错误和调试
使用安全泄露预防技术	提高代码质量和可靠性
使用并发资源技术	提高可靠性和性能
使用代码文档化技术	提高文档可维护性

6.3.4　使用编码与测试融合策略

软件构造与测试通常占用软件开发过程的大部分时间及成本,其中错误定位和调试纠错是关键活动。在软件构造阶段主要测试类型是单元测试和集成测试,基于测试用例的方法是主流方法,测试用例可以根据需要在编码前或后进行设计,而采用为验证而构造的技术对缩短错误定位和调试很有效,因此编码与测试融合是软件开发者应具备的能力。

6.3.5　认真思考使用复用技术

复用技术对提高软件生产率和软件质量、降低成本等方面大有好处,但并不是所有软件项目都需要使用复用技术,因为复用技术会增加技术复杂性以及团队技术难度,有时也会增加成本。

6.3.6　制定可行的集成策略

在软件构造阶段,集成涉及不同层次,包括需求用例、类、组件、模块、子系统、数据库等,还有第三方软硬件集成。通常在设计阶段会形成集成方案,在构造阶段实现,需要关注的有两大方面:一是采用与集成策略匹配的构造技术,如在增量式集成中,经常使用桩模块、模仿对象等技术;二是要明确集成软硬件的版本、集成时间点、数据更新频度、安全性、可靠性等。

6.4　构 造 技 术

6.4.1　应用程序接口

应用程序接口(Application Programming Interface,API)是"计算机操作系统或程序库提供给应用程序调用使用的代码"。其主要目的是让应用程序开发人员调用操作系统提供的一组功能,但无须考虑其底层的源代码为何,也不必理解其内部工作机制的细节。为方便使用,API 应提供接口描述,包括执行效果、调用方式、应用场景、兼容性、扩展方法等。API本身是抽象的,它仅定义了一个接口,而不涉入应用程序如何实现的细节。例如,图形库中的一组 API 定义了绘制指针的方式,可于屏幕上显示指针。当应用程序需要指针功能时,可引用、编译时链接到这组 API,而运行时就会调用此 API 的实现来显示指针。

主要的 API 类型有:

1. 操作系统 API

Windows 应用程序接口(Windows API)是操作系统 API 的典型代表,是针对 Microsoft Windows 操作系统家族的系统编程接口。按字长划分,32 位 Windows API 称为 Win32 API,64 位 Windows API 称为 Win64 API。不同字长的同一 API 函数会有功能差异。Windows API 包括几千个可调用的函数,按功能划分为:操作系统基本服务,组件服务,用户界面服务,图形多媒体服务,消息和协作,网络,Web 服务等。要开发运行在操作系统之上的应用程序,离不开操作系统 API 函数。

2. 编程语言 API

操作系统 API 函数种类繁多、功能原子化,不利于快速开发。为提高开发效率,各种编程语言制定了自带的 API 函数标准库,这些标准库封装了操作系统 API,便于程序员理解和快速调用,安全、高效、健壮。C 语言 API 以函数的形式呈现,Java API 以类的形式呈现,C++既包含函数也包含类。在标准库基础上还产生了专用的标准库,如 openssl 是 C 的开源密库,cocos2d 是 2D 游戏引擎,OpenCV 是开源图像库。Python 更是以标准库多且易用被广泛使用,尤其是数值计算和机器学习领域。编程语言 API 通过封装操作系统 API 为程序员提供使用便利的优点,但却可能降低了应用程序执行效率,因为编程语言 API 必须转换为操作系统 API 才能得到运行的功能,因此这也反映了软件工程中便利性与性能等非功能需求间的矛盾。

3. Web 服务 API

WebService 是一种跨编程语言和跨操作系统平台的远程调用技术,是符合 Web 服务标准的常用技术,可有效解决异构集成问题。在互联网环境下,软件功能会使用

WebService 接口封装,其中主要的是采用 REST 风格的 Web 服务,这些服务会以 URI 方式提供调用接口函数,称为 RESTful API。REST 风格下,任何需要被引用的软件功能都视作资源,每一个资源都有唯一的资源标识符 URI 请求方式,例如 GET(获取资源)、POST(新建资源)、PUT(更新资源)、DELETE(删除资源)等。

6.4.2　面向对象运行态

面向对象语言支持运行态机制(Runtime),主要包括多态和反射,因此面向对象程序具有较好的灵活性和扩展性,但同时也会带来性能的下降。

多态即动态绑定,程序在定义时不指定实例化对象的类型,直至运行时才能明确对象类型。多态常使用父类和子类完成,例如定义一个抽象父类以及抽象方法,然后定义两个不同的子类,并重写父类的抽象方法,那么当子类调用该抽象方法时,将根据子类来动态调用相应的抽象方法。如果继续增加子类时,多态性就展示很好的扩展性,并使程序简洁、便于维护。

反射则指程序在运行时,通过类的名称或者实例对象,获取类的定义,包括方法和变量的信息。反射的优点是可以实现动态创建对象和编译,在运行时才动态获取类的实例,提高程序灵活性。反射在可配置编程应用广泛,例如,框架技术中,常在配置文件留出类的声明,当框架程序运行时,会实时读取类的声明,然后利用反射机制取得类的定义,这样可以在程序不修改的情况下,通过更换配置文件的类声明,去修改程序功能。

6.4.3　参数化

参数化是在类定义中允许设置传入参数,该参数数据类型不固定,该类称为参数化类。当参数化类被调用时,根据传入参数确定数据类型。通常应用在参数化类的功能通用,但参数有多种数据类型的情形。参数化可减少程序冗余,提高可复用性。采用参数化也称为泛型程序设计(Generic Programming)。

6.4.4　防御性编程

防御性编程的理念是在程序中加入错误检查,以避免和纠正设计或编码错误。根据检查时机可分为主动防御和被动防御。

1. 主动防御

主动防御理念下,错误检查程序主动周期性搜查异常情况,如对内存中的数据检查,对状态标记检查,对连接检查,对程序执行时间检查等。

2. 被动防御

被动防御是在某个输入或触发某个检查点时进行错误检查,如检查数据范围、类型,数据输入次序,数据结构的上下界,表达式零分母,输出数据正确性等。

断言、按契约设计、错误处理和容错是常见的防御性编程技术。

(1) 断言,是指在程序运行时进行特定检查,以快速发现、消除错误,可提升程序可靠性。断言一般与代码一起编译能提高执行性能。

(2) 按契约设计,是指给每个函数设置前置和后置条件,从而与程序其他部分形成一种契约关系。作用在于契约必须是条件的精确定义,可理解性高,提高了程序质量。

（3）错误处理，是提高软件正确性、鲁棒性等非功能需求的重要构造技术。异常是常用的错误处理方法，采用固定的程序结构如：函数使用 throw 抛出检测到的异常；try-catch 结构处理该异常并返回调用函数。

（4）容错，是指当软件发生错误时，尽可能使软件恢复正常状态或降低错误带来的影响。常用技术有：备份、重试、辅助码、假值替换等。

6.4.5　可执行模型

通常为了提高设计到软件构造的无缝性，在设计阶段就会提前使用特定的软件构造技术，例如，使用 J2EE 的 Spring 框架进行软件架构设计。但与特定构造技术绑定的设计方案并不具备好的灵活性，当构造技术不能使用时，设计方案就必须重新制定，造成较大的成本损失。可执行模型体现模型驱动体系结构（Model-Driven Architecture，MDA）中平台无关模型（Platform Independent Model，PIM）理念的软件构造方法，目标是形成不依赖于具体软件构造技术的技术方案。可执行模型一般使用标准的可执行建模语言（如 UML）描述，通过可执行模型编译器或转换器，根据目标软件运行的软硬件环境，转换为代码实现，在 MDA 中，这种转换的细节描述通过平台相关模型（Platform Specific Model，PSM）定义，如 Spring、EJB、.NET 等。

复习思考题

1. 对于某网站的登录功能，综合考虑登录方式、验证正确性、安全性、编码、测试、时间等质量要求，讨论合适的软件构造技术方案。

2. 根据预期变更原则，讨论主流的软件构造技术。

3. 思考构造语言约束对制定软件构造规划的影响。

4. 讨论面向复用的构造与基于复用的构造区别与联系，列举实例。

5. 思考软件工程方法与构造语言的联系。

6. 运行在网页浏览器的网页是否使用了操作系统 API？

7. 分析在互联网、物联网、大数据、人工智能、云计算环境下，主流的 API 类型有哪些？

8. 尝试使用 SSM（Spring＋SpringMVC＋MyBatis）框架快速构建 RESTful API 服务，如登录、注册 API。

9. 结合"四史教育"，思考如何提高编码质量。

10. 以科学求真的精神，谈谈如何做好软件构造工作。

第7章 软件测试

学习目标

1. 了解软件测试的背景、基本概念、目的、原则;
2. 理解软件测试的方法与步骤;
3. 掌握动态测试方法与技术、单元测试、集成测试和验收测试;
4. 能够设计软件测试用例;
5. 培养遵从事物的发展规律辩证唯物主义素质;
6. 培养一丝不苟的工匠作风。

软件测试的目的是为了发现软件设计和实现过程中因疏忽所造成的错误。软件测试的策略是由项目经理、软件工程师及测试专家来确定。测试所花费的工作量经常比其他任何软件工程活动都多。若测试是无计划进行的,则既浪费时间,又浪费不必要的劳动。此外,还要避免某些关键错误未被及时检测而被隐蔽下来。因此,需要为测试软件建立系统化的测试策略。

在开发软件的过程中,人们使用了许多保证软件质量的方法分析、设计和实现软件,但难免还会在工作中犯错误。这样在软件产品中就会隐藏许多错误和缺陷。对于规模大、复杂性高的软件更是如此。在这些错误中,有些是致命的错误,如果不排除,就会导致生命和财产的重大损失。因此,目前,软件测试仍然是保证软件质量的关键步骤,它是对规格说明书、设计和编码的最后复审。

7.1 软件测试背景

在某些领域,如航海航天,软件正常运行至关重要,试想软件运行出现致命错误,轻则任务失败造成经济损失,重则酿成机毁人亡的巨大灾难。2019 年美国的"星际客机"号载人飞船与火箭分离后,由于飞船上搭载的计时软件出现了误差,导致该飞船无法进入预定轨道,美国国家航空航天局不得不终止此次计划,停止与空间站对接,最终在两天后,任务控制中心把"星际客机"号送回了地球,宣布试飞计划以失败告终。

相比之下,包括航天软件系统开发团队在内的所有中国航天人本着载人航天、人命关天的原则,精益求精地研制出神舟系列载人飞船。该系列飞船作为我国唯一的天地往返载人航天器,是可靠性、安全性要求最苛刻的大国重器之一。中国航天的科研人员为神舟十四号的圆满飞天提供了最硬的技术支撑,也为各项生产与测试任务的顺利进行提供了最高的服务保障。2022 年 6 月 5 日 10 时 44 分,神舟十四号成功发射。经过 577 秒,长征二号 F 遥十四火箭将飞船送入预定轨道；当日 17 时 42 分,神舟十四号完成和空间站核心舱对接,3 名中国航天员齐聚中国空间站。神舟十四号任务的圆满完成,离不开参与该项目所有人员殚精竭虑的付出,更离不开软件测试人员无数日夜的排错。

7.1.1 软件质量

ISO 关于质量的定义表示如下：一个实体的所有特性,基于这些特性可以满足明显的或隐含的需求。而质量就是实体基于这些特性满足需求的程度。质量定义包含三个要素：实体、特性集合、需求。评价实体的质量不能只是从一个角度来说它的质量好还是不好,需要从所有的角度来综合评价。针对软件,则可以从功能性、可靠性、易用性、效率和维护性等方面,以需求作为标准来评价。

软件质量是由技术、流程、组织决定的,提高软件质量需要这三方面进行改进,同时还需要兼顾成本和进度。技术主要有分析、设计、编码、测试等；分析,即需求分析技术,良好的需求分析对项目的成功至关重要,需求分析的好坏一定程度上影响项目的进度；设计,即软件设计技术,良好的设计基本上决定了软件产品的最终质量；编码技术能够产生正确高效的代码；测试是保证软件质量的最后一道防线。所以各种技术对质量来说都是很重要的。流程是以从计划到策略的实现来指导软件开发的,它来源于成功的经验,可以防止项目开发偏离目标,从而提高软件质量,并且流程有助于控制项目的成本和进度。组织指的是科学有效的团队管理方法,良好的组织能有效促进流程实施,提高团队成员的幸福感,增强整体团队的工作效率,也能吸引更多人才,最终提升软件开发质量。

7.1.2 软件缺陷

描述软件失败的常用的术语有：缺点(defect)；偏差(variance)；谬误(fault)；失败(failure)；问题(problem)；矛盾(inconsistency)；错误(error)；特殊(feature)；毛病(incident)；缺陷(bug)和异常(anomaly)。

将所有的软件问题通称为缺陷,不管它是大的、小的、有意的、无意的,因为它们都会制造障碍。软件缺陷具有以下五方面：

(1) 软件功能没有达到产品说明书指定的要求。

(2) 软件出现无法预知的错误。

(3) 软件功能超出产品说明书的范围。

(4) 软件没有达到产品说明书未指明但必需的基本目标。

(5) 软件用户体验差、难以理解或使用不便等原因。

软件缺陷为何出现？根据统计调查数据显示,大多数软件缺陷并非源自编程错误。导致软件缺陷的其中一部分原因是产品说明书。产品说明书造成软件缺陷的原因是多方面的,比如说明书在大部分情况下没有写,或者说明书不够全面、经常更改,或团队成员在开发期间缺乏有效沟通。项目计划成为软件开发不可缺少的步骤,如果前期没有制订良好的项目计划,那么软件缺陷就会潜藏于整个系统中。软件缺陷的第二大来源是设计方案。程序员在进行软件开发时,会由于经验不足、沟通不到位、思考片面等各类主客观因素,影响设计方案的制定,进而导致出现软件缺陷。

软件测试的目标是发现软件缺陷。软件测试员在开发小组中的职责,不仅仅是为了证

实软件运行,还要能够找出各类缺陷。因此,测试员应具备如下素质:

(1) 探索精神。软件测试员应该适应新环境,并且热衷于安装、运行、观测新软件。

(2) 故障排除能手。软件测试员善于发现问题的症结,快速定位软件错误。

(3) 不懈努力。软件测试员总是不停尝试,以捕捉转瞬即逝、不易察觉的,或挖掘因某些原因难于重现的软件缺陷。软件测试员不会心存侥幸,而是尽一切可能去寻找。

(4) 创造性。测试显而易见的事实,那不是优秀的软件测试员。优秀的软件测试员必须具备创新能力,能够想出富有创意甚至超常的手段来寻找缺陷。

(5) 追求完美。软件测试员力求完美,尽管知道某些目标无法企及时也不去苛求,而是尽力接近完美。

(6) 判断准确。软件测试员需要有敏锐的洞察力,准确判断出测试内容、测试时间,以及看到的问题是否是真正的缺陷。

(7) 老练稳重。软件测试员不害怕坏消息,并且交流能力过关。他们在发现问题时,必须及时且恰当地告知程序员。优秀的软件测试员知道怎样老练地处理这些问题,和不够冷静的程序员怎样合作。

(8) 说服力。软件测试员找出的软件缺陷有时被认为不重要、不用修复。测试员要善于表达观点,表明软件缺陷必须修复,并通过实际演示力陈观点。

7.2 软件测试基础

7.2.1 什么是软件测试

1983 年 IEEE[①] 提出的软件工程标准术语中对软件测试的定义为:使用人工或自动手段来运行或测定某个系统的过程,其目的在于检验它是否满足规定的需求或弄清预期结果与实际结果之间的差距。

简言之:软件测试就是为了发现错误而执行程序的过程。换句话说,软件测试是根据软件开发各阶段的规格说明和程序的内部结构而精心设计的一批测试用例(即输入数据及预期的输出结果),并利用这些测试用例去运行程序,以发现程序错误的过程。

软件测试在软件生命周期中横跨两个阶段。通常在编写出每个模块之后就对它做必要的测试,模块的编写者和测试者是同一个人,编码和单元测试属于软件生命周期的同一个阶段。在这个阶段结束之后,对软件系统还应该进行各种综合测试,这是软件生命周期中的另一个独立的阶段,通常由专门的测试人员承担这项工作。

大量统计资料表明,软件测试的工作量往往占软件开发总工作量的 40% 以上,在极端情况下,测试那种关系人的生命安全的软件、飞行控制软件、核反应的监控软件等所花费的成本,可能相当于软件工程其他开发步骤总成本的 3~5 倍。

---

① 电气和电子工程师协会(Institute of Electrical and Electronics Engineers,IEEE)是一个国际性的电子技术与信息科学工程师的协会,是目前全球最大的非营利性专业技术学会,其会员人数超过 40 万人,遍布 160 多个国家。IEEE 致力于电气、电子、计算机工程和科学有关的领域的开发和研究,在太空、计算机、电信、生物医学、电力及消费性电子产品等领域已制定了 900 多个行业标准,现已发展成为具有较大影响力的国际学术组织。

7.2.2 软件测试的目的

基于不同的立场,存在两种完全不同的测试目的。从用户的角度出发,普遍希望通过软件测试暴露软件中隐藏的错误和缺陷,以考虑是否可以接受该产品。而从软件开发者的角度出发,则希望测试成为表明软件产品中不存在错误的过程,验证软件已正确地实现了用户的要求,确定人们对软件质量的信心。因此,他们会选择那些导致程序失效概率小的测试用例,回避那些易于暴露程序缺点和缺陷的测试用例。同时,也不会着力去检测、排除程序中可能包含的副作用。

G. J. Myers(梅椰)在其经典著作《软件测试之艺术》中对测试的目的进行了如下的归纳:

(1) 测试是程序的执行过程,目的在于发现错误。

(2) 一个好的测试用例在于能够发现迄今尚未发现的错误。

(3) 一个成功的测试是发现迄今尚未发现的错误的测试。

7.2.3 软件测试的原则

测试的目标是想以最少的时间和人力找出软件中潜在的各种错误和缺陷。如果成功地实施了测试,就能够发现软件中的错误。根据测试的目标,软件测试的原则应该是:

(1) 应当尽早地和不断地进行软件测试。这是因为原始问题的复杂性、软件的复杂性和抽象性、软件开发工作的多样性以及参加开发人员的各种配合关系等因素决定的,造成每个环节都可能产生错误。所以不应把软件测试仅仅看作是软件开发的一个独立阶段,而应当把它贯穿于软件开发的各个阶段中。坚持在软件开发的各个阶段的进行技术评审,及早发现潜在的错误,从而提高软件质量。

(2) 测试用例应当由测试输入数据和与之对应的预期输出结果两部分组成。测试前应当根据测试的要求选择合适的测试用例。测试用例主要用来检验程序员编制的程序,因此,不但需要输入数据,而且需要针对这些输入数据的预期输出结果。如果对测试的输入数据没有给出预期的程序输出结果,那么就缺少了检验实验结果的基准,就有可能把一个似是而非的错误当成正确的结果。

(3) 设计测试用例时,应包括合理的输入条件和不合理的输入条件。合理输入条件是指能验证程序正确的输入条件,而不合理的输入条件是指异常的、临界的、可能引起问题异变的输入条件。在测试中,人们常常倾向于过多地考虑合法的和期望的输入条件,以检查程序是否做了它应该做的事情,而忽视了不合法的和预想不到的输入条件。因此,软件系统处理非法命令的能力也必须在测试时受到检验。用不合理的输入条件测试程序时,往往比用合理的输入条件进行测试能发现更多的错误。

(4) 开发人员和测试队伍要分别建立;为了保证测试质量,应分别建立开发和测试队伍。因为两者在思想上和方法上都是不一样的。工作中具有不同的特点和不同的工作经验。而且要程序设计人员找出自己程序中的错误是非常困难的。但是要注意,软件测试不能与程序的调试相混淆。调试由程序员自己来做更有效。

(5) 充分注意测试中的群集现象。测试时不要以为找到了几个错误就以为问题解决了,不需要继续测试了。大量实验数据表明,测试后程序中残存的错误数与该程序中已发现的错误数目或检错率成正比。根据这个规律,应当对错误群集的程序段进行重点测试,以提高测试投资的效益。同时,如果发现某一程序模块似乎比其他程序模块有更多的错误倾向时,则应当花费较多的时间和代价测试这个程序模块。

(6) 严格执行测试计划,排除测试的随意性。测试计划应包括:待测软件的功能、输入和输出、测试内容、各项测试的进度安排、资源要求、测试资料、测试工具、测试的控制方式和过程、系统的组装方式、跟踪规程、调试规程、回归测试的规定等以及评价标准。对于测试计划,要明确规定,不要随意修改。

(7) 全面检查每一个测试结果。这是一条最明显的原则,但常常被忽略。有些错误的征兆在输出实测结果时已经明显地出现了,但是如果不全面仔细地检查测试结果,就会使这些错误被遗漏掉。所以必须对预期的输出结果明确定义,对实测的结果仔细分析检查,抓住征兆,暴露错误。

(8) 在对程序进行修改后,要进行回归测试;对程序的任何修改都可能引入新的错误,所以必须进行回归测试。所谓回归测试是指在软件修改后,再次运行以前为查找错误曾用过的测试用例。

(9) 妥善保存测试计划,测试用例,出错统计和最终分析报告,便于后续的软件维护。

(10) 把帕雷托原理应用到软件测试中。帕雷托法则认为:相对来说数量较少的原因往往造成绝大多数的问题或缺陷。也就是说,测试发现的 80% 的错误很可能是由 20% 的程序模块造成的。

7.2.4 软件测试的方法与步骤

1. 方法

为了保证各个环节的正确性,人们需要进行各种确认和验证工作。确认(Validation)是确保软件在某个外部环境中能够正确执行所设计的业务逻辑。验证(Verification)是指确保软件能够正确实现某一特定功能的一系列活动,主要证明在软件生产过程的各个阶段及其逻辑协调性、完备性和正确性。程序的确认分为静态和动态确认两种。

(1) 静态确认:一般不在计算机上实际执行的程序,而是通过人工分析或程序的正确性来确认程序的正确性。

(2) 动态确认:主要通过动态分析和程序测试来检查的执行状态,以确认程序是否有错误。

2. 步骤

软件测试可通过如下步骤执行:

(1) 模块测试。保证每个模块作为一个单元能正确运行;发现的往往是编码和详细设计的错误。

(2) 子系统测试:把经过单元测试的模块放在一起形成一个子系统来测试;着重测试模块的接口。

(3) 系统测试:把经过测试的子系统装配成一个完整的系统来测试;发现的往往是设计中的错误或需求说明中的错误。

(4) 验收测试:在用户的参与下进行的确认测试;发现的往往是需求说明中的错误。

(5) 平行测试。同时运行新系统和旧系统,比较两个系统的处理结果。

7.2.5 测试信息流

（1）软件配置：是指测试对象，它包括软件需求规格说明、软件设计说明和被测试的源程序清单。

（2）测试配置：包括测试计划，测试用例，测试驱动程序，实际上，在整个软件工程中，测试配置只是软件配置的一个子集。

（3）测试工具：为提高软件测试效率，可使用测试工具支持测试。其作用就是为测试的实施提供某种服务，以减轻人们完成测试任务中的手工劳动。例如，测试数据自动生成程序、静态分析程序、动态分析程序、测试结果分析程序，以及驱动测试的数据库等。

以上3种测试手段，见图7-1。

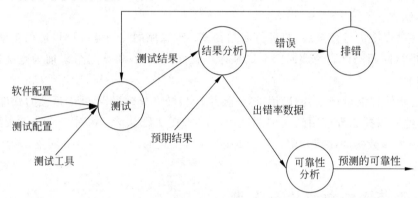

图 7-1　测试信息流示意图

7.2.6 测试与软件开发各阶段的关系

图7-2展示了测试工作在整个软件开发中的位置，从图中可以看出，测试位于软件开发的后期，是软件在交付前的最后保障。除此之外，图中的开发路径也表明软件测试也是其他阶段的开发工作一起进入迭代周期的。在不同的迭代周期根据上下文做出对应的测试部署。

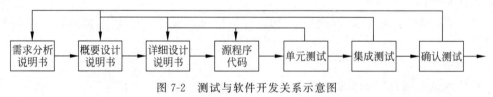

图 7-2　测试与软件开发关系示意图

7.3　动态测试方法和技术

任何产品都可以用以下两种方法之一进行测试：

（1）已知产品的功能设计规则，可进行测试证明每个实现了的功能是否符合要求。

（2）已知产品的内部工作过程，可以通过测试证明某个内部的操作是否符合设计规格说明要求，所有内部成分是否已经检查。

我们将前一种测试称为黑盒测试，后一种测试称为白盒测试。

7.3.1 黑盒测试

黑盒测试是指在完全不考虑程序的内部结构和处理过程的前提下,在程序接口进行的测试,它只检查程序功能是否能按照规格说明书的规定正常使用,程序是否能正确地接受输入数据产生正确的输出信息,并且保持外部信息的完整性。因此,又称为功能测试或数据驱动。如图 7-3 所示,利用黑盒测试三角形判断程序,无须考虑程序内部细节,只要根据输入的测试数据,观察输出的结果是否符合预期。因此,从图中可见,整个程序模块对外是不可见的,就像一个功能具备的黑盒。

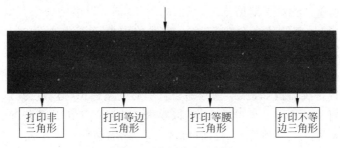

图 7-3 黑盒测试示意图

黑盒测试主要为发现以下几类错误:

(1) 是否有不正确和遗漏了的功能?

(2) 接口错误,输入是否正确地接受,是否输出正确的结果?

(3) 是否有数据结构错误或外部信息访问错误?

(4) 性能或行为是否存在错误?

(5) 是否存在初始化或终止性错误?

黑盒测试不会细究控制结构,而是侧重信息域。黑盒测试的设计要考虑如下几方面:

(1) 如何测试功能的有效性?

(2) 如何测试系统的行为和性能?

(3) 良好的测试用例是由哪种类型输入决定的?

(4) 系统是否对特定的输入值特别敏感?

(5) 数据边界如何划定?

(6) 面对不同的数据速率和体量,系统的压力值如何?

(7) 特定类型的数据组合给系统运行带来哪些影响?

利用黑盒测试可以生成测试用例,并且不会过多增加合理测试所需的额外用例数,同时可以告知存在哪些错误类型。

7.3.2 黑盒测试用例设计

1. 等价类划分

等价类划分是一种典型的黑盒测试方法,也是一种非常实用的重要测试方法。使用这一方法时,完全不考虑程序内部结构,只依据程序的规格说明来设计测试用例。它的指导思想是:把所有可能输入的数据划分成若干等价类,假定每类中的一个典型值在测试中的作用与这类中所有其他值的作用相同。然后可以从每个等价类中只取一组数据作为代表性数据用于测试，以便发现程序中的错误。

等价类的划分有如下两种不同情况。

(1) 合理等价类：输入数据满足程序模块的输入数据规范，是有意义的输入数据集合。使用合理等价类构造测试用例，主要检测程序模块是否实现了设计规格规定的功能和性能。

(2) 不合理等价类：输入数据不满足程序模块的输入数据规范，是无意义的输入数据集合。使用不合理等价类构造测试用例，主要检测程序模块是否能够拒绝无效数据输入，被测试对象在运行初始条件不具备时的可靠性如何。

等价类的划分应遵循如下 4 条原则：

(1) 如果输入条件规定了取值范围，或值的个数，则可以确定一个有效等价类和两个无效等价类。例如，如果某输入条件规定输入数据的取值范围是 1 到 99，则有效等价类是[1,99]，两个无效等价类是"小于 1 或大于 99 的数"。

(2) 如果输入条件规定输入值，或者是规定了"必须如何"的条件，则可确立一个有效等价类和一个无效等价类。例如，在某些程序语言中对变量标识符规定为"以字母打头的串"，那么所有以字母打头的构成有效等价类，不以字母打头的归于无效等价类。

(3) 如果输入条件是一个布尔量，则可以确定一个有效的等价类和一个无效的等价类。

(4) 如果输入条件规定集合的某一个数据，而且程序要对每个输入数据分别进行处理。这时可为每一个输入值确定一个有效等价类，此外针对这个集合确定一个无效等价类，它是所有不允许的输入值的集合。例如，在教师分房中规定对教授、副教授、讲师和助教分别计算分数，做相应的处理。因此，可以确定 4 个有效等价类为：教授、副教授、讲师和助教，以及一个无效等价类，它是所有不符合上述身份人员的输入值的集合。

等价类划分通过如下步骤实施：

第一步：划分等价类，依据是被测对象的功能说明/接口定义。

第二步：设计测试用例：

(1) 为每个等价类指定一个唯一的编号。

(2) 设计一个测试用例，使之尽可能地覆盖尚未被覆盖的多个有效等价类。重复这一步，直到所有的有效等价类都被覆盖为止。

(3) 设计一个测试用例，使它覆盖一个而且只覆盖一个尚未被覆盖的无效等价类，重复该步骤，直至所有不合理等价类覆盖完毕。

(4) 对每一个无效等价类，分别设计测试用例。

2. 边界值分析

经验表明，大量错误经常发生在输入域的边界范围。因此需要针对各种边界情况设计一组测试用例来检查边界值。边界值分析是等价划分法的扩展。使用边界值分析方法设计测试用例时，首先应该确定边界情况。通常输入等价类与输出等价类的边界，是应该着重测试的。应当选取正好等于、刚刚大于，或刚刚小于边界的值作为测试数据，而不是选取等价类的典型值或任意值作为测试数据。边界值分析的指导原则通常类似于等价划分原则：

(1) 如果输入条件规定了值的范围，则应取刚达到这个范围的边界的值，以及刚刚超越这个范围边界的值作为测试输入数据。例如，若输入值的范围是"$-1.0 \sim 1.0$"，则可选取"-1.0"、"1.0"、"-1.001"和"1.001"作为测试数据。

(2) 如果输入条件规定了值的个数，则用最大个数、最小个数、比最大个数多 1，比最小个数少 1 的数作为测试数据。例如,一个输入文件可有 1~255 个记录,则可以分别设计 1 个记录、255 个记录以及 0 个记录和 256 个记录的输入文件。

(3) 根据规格说明的每个输出条件。使用前面的原则(1)。例如,某程序的功能是计算折扣量,最低折扣量是 0 元,最高折扣量是 1050 元。则设计一些测试用例,使它们恰好产生 0 元和 1050 元的结果。此外,还可考虑设计结果为负值或大于 1050 元的测试用例。

(4) 根据规格说明的每个输出条件。使用前面的原则(2)。例如,一个信息检索系统根据用户输入的命令,显示有关文献的摘要,但最多只显示 4 篇摘要。这时可设计一些测试用例,使得程序分别显示 1 篇,4 篇,0 篇摘要,并设计一个有可能使程序错误显示 5 篇摘要的测试用例。

(5) 如果程序的规格说明给出的输入域或输出域是有序集合(如有序表,顺序文件等),则应选取集合的第一个元素和最后一个元素作为测试用例。

(6) 如果程序中使用了一个内部数据结构,则应当选择这个内部数据结构的边界上的值作为测试用例。例如,如果程序中定义了一个数组,其元素下标的下界是 0,上界是 100,那么应选择达到这个数组下标边界的值,如 0 与 100,作为测试用例。

(7) 分析规格说明,找出其他可能的边界条件。

3. 错误推测法

错误推测法在很大程度上靠直觉和经验进行。它的基本想法是列举出程序中可能有的错误和容易发生错误的特殊情况,并且根据它们选择测试方案。

对于程序中容易出错的情况也有一些经验总结。例如,输入数据为 0 或输出数据为 0 往往可能发生错误;如果输入或输出的数据允许变化(例如,被检索的或生成的表的项数),则输入或输出的数据为 0 和 1 时(例如,表为空或只有一项)是容易出错的情况。还应该仔细分析程序规格说明书,注意找出其中遗漏或省略的部分,以便设计相应的测试方案,检测程序员对这些部分的处理是否正确。

等价划分法和边界值分析法都只孤立地考虑各个输入数据的测试功效,而没有考虑多个输入数据的组合效应,可能会遗漏了输入数据易于出错的组合情况。选择输入组合的一个有效途径是利用判定表或判定树为工具,列出输入数据各种组合与程序应做的动作(及相应的输出结果)之间的对应关系,然后为判定表的每一列至少设计一个测试用例。

4. 因果图法

要检查输入条件的组合不是一件容易的事情,即使把所有输入条件划分成等价类,它们之间的组合情况也相当多。因此必须考虑使用一种适合于描述对于多种条件的组合,相应地产生多个动作的形式来考虑设计测试用例,这就需要利用因果图。因果图方法最终生成的就是判定表,它适合于检查程序输入条件的各种组合情况。因果图法生成测试用例的基本步骤:

(1) 分析软件规格说明描述中,哪些是原因(即输入条件或输入条件的等价类),哪些是结果(即输出条件),并给每个原因和结果赋予一个标识符。

(2) 分析软件规格说明描述中的语义,找出原因和结果之间,原因与原因之间对应的关系。根据这些关系,画出因果图。

(3) 由于语句或环境限制,有些原因和原因之间,原因和结果之间的组合情况不可能出现。为表明这些特殊的情况,在因果图上用一些记号标明约束或限制条件。

(4) 把因果图转换为判定表。

（5）把判定表的每一列拿出来作为依据，设计测试用例。

通常在因果图中用 Ci 表示原因，用 Ei 表示结果，其基本符号如图 7-4 所示。各连接点表示状态，可取值"0"或"1"。"0"表示某状态不出现，"1"表示某状态出现。主要的原因和结果之间的关系有：

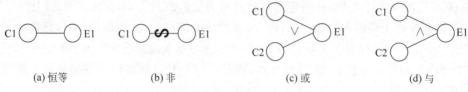

(a) 恒等　　　　　　　(b) 非　　　　　　　(c) 或　　　　　　　(d) 与

图 7-4　因果图

① 恒等：表示原因和结果之间一对一的对应关系。若原因出现，则结果出现。若原因不出现，则结果也不出现。

② 非：表示原因和结果之间的一种否定关系。若原因出现，则结果不出现。若原因不出现，反而结果出现。

③ 或（∨）：表示若几个原因中有一个出现，则结果出现，只有当这几个原因都不出现时，结果才不出现。

④ 与（∧）：表示若几个原因都出现，则结果才出现。表示若几个原因中有一个不出现，结果就不出现。

为了表示原因与原因之间，结果与结果之间可能存在的约束条件，在因果图中可以附加一些约束符号。若从输入（原因）考虑，有以下 4 种约束，参见图 7-5 所示。

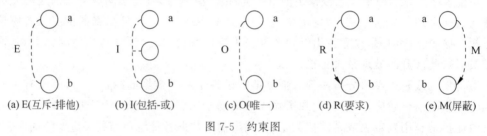

(a) E(互斥-排他)　　(b) I(包括-或)　　(c) O(唯一)　　(d) R(要求)　　(e) M(屏蔽)

图 7-5　约束图

① E(互斥)：它表示 a,b 两个原因不会同时成立，两个中最多有一个可能成立。

② I(包含)：它表示 a,b,c 三个原因中至少有一个必须成立。

③ O(包含)：它表示 a 和 b 当中必须有一个，且仅有一个成立。

④ R(要求)：它表示当 a 出现时，b 必须也出现。不可能 a 出现，b 不出现。

⑤ M(屏蔽)：它表示 a 是 1 时，b 必须是 0。而当 a 为 0 时，b 的值不定。

7.3.3　白盒测试

软件的白盒测试是对软件的过程性描述做细致的检查，这一方法是把测试对象看成一个打开的盒子，它允许软件测试员利用程序内部的逻辑结构及有关信息，设计或选择测试用例，对程序所有逻辑路径进行测试。通过在不同点检查程序的状态，取得实际的状态是否与预期的状态一致，故又称结构测试或逻辑驱动。如图 7-6 所示，利用白盒测试三角形判断程序，将该图与图 7-3 比较可知，白盒测试下程序的每个过程都经过细致的检查，测试的路径也非常清晰。

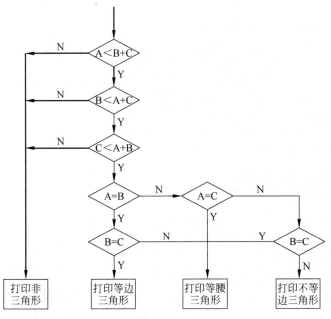

图 7-6 白盒测试示意图

使用白盒测试,主要对模块进行如下的测试:

(1)确保程序模块的所有独立的执行路径至少执行一次;

(2)对所有的逻辑判定,取值为"真"与取值为"假"的两种情况都能至少测试一次;

(3)所有的循环体的边界及其界限内都需要被执行;

(4)检验测试内部数据结构的有效性。

7.3.4 白盒测试的测试用例设计

1. 逻辑覆盖

逻辑覆盖是对一系列测试过程的总称,这组测试过程逐渐进行越来越完整的通路测试。测试数据执行(或叫覆盖)程序逻辑的程度可以划分成不同的等级,从覆盖源程序语句的详尽程度分析,可以分为语句覆盖、判断覆盖、条件覆盖、判断-条件覆盖、条件组合覆盖、路径覆盖。下面以图 7-7 为例,说明这些逻辑覆盖方法的特点。

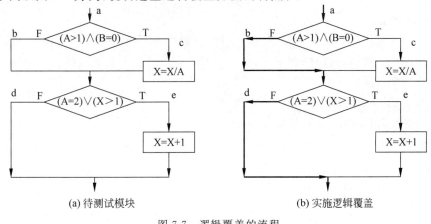

图 7-7 逻辑覆盖的流程

L2(a→b→d)

    = {(A>1)and(B=0)}and{(A=2)or(X>1)}

    = {(A>1)or(B=0)}and{(A=2)and(X>1)}

    = (A>1)and(A=2)and(X>1)or(B=0)and(A=2)and(X>1)

    = (A≤1)and(X≤1)or(B≠0)and(A≠2)and(X≤1)

L3(a→b→e)

    = {(A>1)and(B=0)}and{(A=2)or(X>1)}

    = {(A>1)or(B=0)}and{(A=2)or(X>1)}

    = {(A>1)and(X>1)or(B=0)and(A=2)or(B=0)and(X>1)}

    = (A≤1)and(X>1)or(B≠0)and(A=2)or(B≠0)and(X>1)

L4(a→c→d)

    = {(A>1)and(B=0)}and{(A=2)or(X/A>1)}

    = (A>1)and(B=0)and(A≠2)and(X/A≤1)

L1(a→c→e)

    = {(A>1)and(B=0)}and{(A=2)or(X/A>1)}

    = (A>1)and(B=0)and(A=2)or(A>1)and(B=0)and(X/A>1)

    = (A=2)and(B=0)or(A>1)and(B=0)and(X/A>1)

（1）语句覆盖。

为了暴露程序中的错误，至少每个语句应该执行一次。语句覆盖选择足够多的测试数据，使被测程序中每个语句至少执行一次。测试用例的设计格式如下：

【输入的(A,B,x)，输出的(A,B,x)】

为此设计满足语句覆盖的测试用例是：

【(2,0,4)，(2,0,3)】 覆盖 ace【L1】

（2）判定覆盖。

判定覆盖又称为分支覆盖，设计若干测试用例，运行所测程序，使得程序中每个判断的取真分支和取假分支至少遍历一次。例如，对于给出的例子，如果选择路径 L1 和 L2，就可得满足要求的测试用例：

【(2,0,4)，(2,0,3)】 覆盖 ace【L1】

【(1,1,1)，(1,1,1)】 覆盖 abd【L2】

如果选择路径 L3 和 L4，还可得另一组可用的测试用例：

【(2,1,1)，(2,1,2)】 覆盖 abe【L3】

【(3,0,3)，(3,1,1)】 覆盖 acd【L4】

（3）条件覆盖。

条件覆盖就是设计若干个测试用例，运行所测程序，使得程序中每个判断条件的可能取值至少执行一次。例如，给出的例子中，事先可对所有条件的取值加以标记。例如，

对于第一个判断：

条件 A>1 取真值为 T1，取假值为 T̄1

条件 B=0 取真值为 T2，取假值为 T̄2

对于第二个判断：

条件 A=2 取真值为 T3，取假值为 T̄3

条件 x>1 取真值为 T4，取假值为 T̄4

（4）判断-条件覆盖。

判定-条件覆盖设计足够的测试用例，使得判断中每个条件的所有可能取值至少执行一次，同时每个判断的所有可能判断结果至少执行一次。换言之，即是要求各个判断的所有可能的条件取值组合至少执行一次。判定-条件覆盖也有缺陷，从表面上来看，它测试了所有条件的取值。但事实并非如此，因为往往某些条件掩盖了另一些条件。

（5）条件组合覆盖。

条件组合覆盖就是设计足够多的测试用例，运行所测程序，使得每个判断的所有可能的条件取值组合至少执行一次。

（6）路径覆盖。

路径覆盖就是设计足够多的测试用例，覆盖程序中所有可能的路径。若以图 7-7 为例，则可以选择表 7-1 的一组测试用例来覆盖该程序段的全部路径。

表 7-1　路径覆盖测试用例

测 试 用 例	通 过 路 径	覆 盖 条 件
【(2,0,4),(2,0,3)】	ace(L1)	T1 T2 T3 T4
【(2,1,1),(2,1,2)】	abd(L2)	T1 T2 T3 T4
【(1,0,3),(1,0,4)】	abe(L3)	T1 T2 T3 T4
【(3,0,3),(3,0,1)】	acd(L4)	T1 T2 T3 T4

2. 基本路径覆盖

基本路径测试是在程序控制流图的基础上，通过分析控制构造的环境复杂性，导出基本可执行路径集合，从而设计测试用例的方法。设计出的测试用例要保证在测试中程序的每一个可执行语句至少执行一次。在研究基本路径测试方法前，需要了解两种表示方法，即控制流图和图形矩阵。

（1）控制流图。

考虑图 7-8 所示内容，该图 7-8（a）展示某一个程序的控制结构流程图，而图 7-8（b）则是将这个流程图映射为相应的控制流图。在图 7-8（b）中，圆称为结点，表示一个或多个过程语句。处理框序列和菱形判定框映射为单个节点。控制流图中的箭头称为边或连接，表示控制流。一条边必须终止于某一个结点。由边和结点限定的区域称为域。

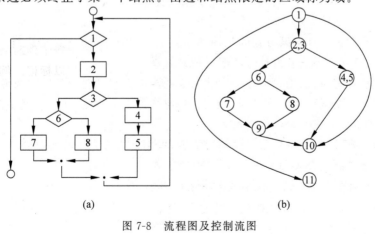

(a)　　　　　　　　　　　(b)

图 7-8　流程图及控制流图

（2）图形矩阵。

图形矩阵是在基本路径测试中起辅助作用的软件工具，利用它可以实现自动确定一个基本路径集。一个图形矩阵是一个方阵，其行/列数等于控制流图中的结点数。每行和每列依次对应一个被标记的结点，矩阵元素对应到结点间的连接。

基本路径测试法适用于模块的详细设计和源程序，其主要步骤见图 7-9 和表 7-2。

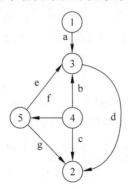

图 7-9　控制流图

表 7-2　图形矩阵

结点	相连结点				
	1	**2**	**3**	**4**	**5**
1			a		
2					
3		d		b	
4		c			f
5		g	e		

① 以详细设计或源代码作为基础，导出程序的控制流图。
② 计算得到的控制流的环路复杂性。
③ 确定线性无关的基本路径集。
④ 生成测试用例，确保基本路径集中每条路径的执行。

7.4　软件测试的策略

以上简单介绍了设计测试方案的几种基本方法，使用每种方法都能设计一组有用的测试方案，但是没有一种方法能设计出全部的测试方案。

不同的方法各有所长，用一种方法设计出来的测试方案可能最容易发现某类型的错误，对另外一些类型的错误可能不易发现。因此，对系统进行实际测试时，应该联合使用各种设计测试方案的方法，形成一种综合策略。

通常的做法是，用黑盒设计基本的测试方案，再用白盒补充一些必要的测试方案。具体地可以使用下述策略结合各种方法：

（1）在任何情况下都应该使用边界值分析的方法。
（2）必要时用等价类划分法补充测试方案。
（3）必要时再用错误推测法补充测试方案。

（4）对照程序逻辑，检查已经设计出的测试方案。

应该强调指出，即使使用上述综合策略设计测试方案，仍然不能保证测试将发现一切程序错误；但是，这个策略确实是在测试成本和测试效果之间的一个合理的折中。通过前面的叙述可以看出，软件测试确实是一件十分艰巨繁重的工作。

7.5 单元测试

单元测试是测试程序构件的过程，用来检验软件设计最小单元——模块。函数是构件的最简单的形式。通过使用不同的输入参数来调用这些函数以达到测试目的。在进行正式测试之前必须先通过编译程序检查并且改正所有语法错误，然后设计测试对象来实现对待测试模块所有特征的覆盖。这反映了需要执行与该模块相关的所有测试操作，设置并检查与该模块相关的所有属性，评价该模块的所有可能的状态。

7.5.1 单元测试问题

如图 7-10 所示，在单元测试期间主要评价模块的下述 5 个特性：

（1）模块接口，测试模块的接口是为了保证被测程序单元的信息能够正常输入与输出；

（2）局部数据结构，测试局部数据结构为是为了确保临时存储的数据在算法的整个执行过程中能维持完整性；

（3）执行路径，测试软件控制结构中的所有执行路径以确保模块中的所有语句至少执行一次；

（4）错误处理路径，要对所有的错误处理路径进行测试；

（5）边界条件，测试边界条件确保模块在到达极限的边界值情况下仍能正常执行。

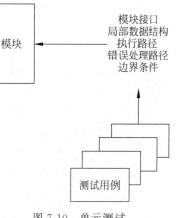

图 7-10 单元测试

对接口进行的测试主要检查下述各点：

（1）参数数目和由调用模块送来的变元的数目是否相等？

（2）参数的属性和变元的属性是否匹配？

（3）参数和变元的单位系统是否匹配？

（4）传送给被调用模块的变元的数目是否等于那个模块的参数的数目？

（5）传送给被调用模块的变元属性和参数的属性是否一致？

（6）传送给被调用模块的变元的单位系统和该模块参数的单位系统是否一致？

（7）传送给内部函数的变元属性、数目和次序是否正确？

（8）是否修改了只做输入用的变元？

（9）全程变量的定义和用法在各个模块中是否一致？

对经过模块接口的数据流测试要在任何其他测试开始之前进行，以保证输入/输出数据的正确性。如果一个模块完成外部的输入/输出时，还应该再检查下述各点：

（1）文件属性是否正确？

（2）打开文件语句是否正确？

（3）格式说明书与输入/输出语句是否一致？

（4）缓冲区大小与记录长度是否匹配？

（5）使用文件之前先打开文件了吗？

（6）文件结束条件处理了吗？

（7）输入/输出错误检查并处理了吗？

（8）输出信息中有文字书写错误吗？

对于一个模块而言，局部数据结构是常见的错误来源。应该仔细设计测试方案，以便发现下述类型的错误：

（1）错误的或不相容的说明；

（2）使用尚未赋值或尚未初始化的变量；

（3）错误的初始值或不正确的缺省值；

（4）错误的变量名字（拼写错或截短了）；

（5）数据类型不相容；

（6）上溢、下溢或地址异常。

除此之外，可能的话，在单元测试期间还要考察局部数据结构对全局数据的影响。

良好的软件设计需要充分考虑并预置出错条件，同时要设置好异常处理路径，以便当错误确实出现时可以及时中断处理或重新确定执行路径。因此，在软件开发过程中如果设置好了错误处理路径，就必须要对其进行测试。在评估错误处理时，应该认真测试如下潜在错误：

（1）错误的描述难以理解；

（2）错误的描述与实际不一致；

（3）在异常处理之前，操作系统提前干预；

（4）异常条件处理不正确；

（5）提示信息不详细，无法利用这些信息定位错误。

边界测试是最重要的单元测试任务之一。通常情况下，软件在边界处会出错。例如，在允许出现的最大、最小数值时，或者循环结构中末次迭代语句，或者处理 n 维数组的最后一个元素。利用临近最大、最小的数值的数据结构、数据和控制流作为测试用例来发现潜在的错误。

7.5.2 单元测试过程

单元测试通常被认为是编码阶段的附属工作。在编码开始之前或源码产生之后即可设计单元测试。单元测试设计的评审可以为测试用例的建立提供必要的指导信息，以便发现前文所述的各类错误，并且将每个测试用例与对应的预期结果关联起来。单元测试主要由两个过程构成，即代码审查和测试软件。

1. 代码审查

人工测试源程序可以由编写者本人非正式地进行，也可以由审查小组正式进行。后者称为代码审查，它是一种非常有效的程序验证技术，对于典型的程序来说，可以查出 30%～70%的逻辑设计错误和编码错误。

审查小组最好由下述人员组成：组长、设计员、编码员、测试员。如果一个人既是程序的设计者又是编写者，或既是编写者又是测试者，则审查小组中应该再增加一名程序员。

审查之前应举办组会来讨论和研究设计说明书，充分理解说明书阐述的设计。为了帮助理解，可以先由设计者扼要地介绍他的设计。在审查会上由程序的编写者解释他是怎样用程序代码实现这个设计的，通常是逐条语句地讲述程序的逻辑，小组其他成员仔细倾听他的讲解，并力图发现其中的错误。

审查会上进行的另外一项工作，是对照类似于上一小节中介绍的程序设计常见错误清单，分析审查这个程序。当发现错误时由组长记录下来，审查会继续进行（审查小组的任务是发现错误而不是改正错误）。

审查会还有另外一种常见的进行方法（称为预排）：由一个人扮演"测试者"，其他人扮演"计算机"。会前测试者准备好测试方案，会上由扮演计算机的成员模拟计算机执行被测试的程序。当然，由于人执行程序速度极慢，因此测试数据必须简单，测试方案的数目也不能过多。但是，测试方案本身并不十分关键，它只起一种促进思考引起讨论的作用。在大多数情况下，通过向程序员提出关于他程序的逻辑和他编写程序时所做的假设的疑问，可以发现的错误比由测试方案直接发现的错误还多。

代码审查比计算机测试优越的是：一次审查会上可以发现许多错误；用计算机测试的方法发现错误之后，通常需要先改正这个错误才能继续测试，因此错误是一个一个地发现并改正的。也就是说，采用代码审查的方法可以减少系统验证的总工作量。

实践表明，对于查找某些类型的错误来说，人工测试比计算机测试更有效；对于其他类型的错误来说则刚好相反。因此，人工测试和计算机测试是互相补充，相辅相成的，缺少其中任何一种方法都会使查找错误的效率降低。

2. 测试软件

模块并不是一个独立的程序，因此必须为每个单元测试开发驱动程序和桩程序。单元测试环境如图 7-11 所示，通常驱动程序是一个"主程序"，它接收测试用例数据，把这些数据传送给被测试的模块，并且打印相应结果。桩程序代替被测模块所属的程序。因此桩程序也可以称为"虚拟子程序"或"伪程序"。它使用被它代替的模块的接口，可能做最少量的数据操作，提供入口验证或操作结果，并且把控制返回被测模块。

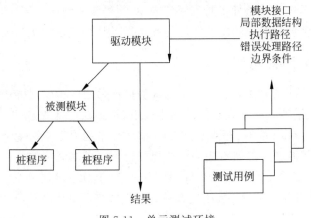

图 7-11 单元测试环境

驱动程序和桩程序需要承担测试开销,需要通过编码实现,但不能作为交付的软件产品。如果驱动程序和桩程序足够简单,则可以减少测试开销。然而实际开发场景中简单的驱动程序和桩程序无法保证软件系统中的大部分模块完成充分的单元测试。所以,接下来的集成测试是完整测试的一个不可或缺的过程。

7.6 集 成 测 试

7.6.1 集成测试定义

在单元测试的基础上,通常需要对由经过单元测试的模块组装起来形成的一个子系统进行的测试,这样的测试被称为子系统测试。子系统测试时重点测试模块的接口。而对由经过测试的子系统测试组装成的系统进行的测试称为系统测试。在系统测试中发现的往往是软件设计中的错误,也可能发现需求说明书中的错误。

不难看出,不论是子系统测试还是系统测试都兼有检测和组装的含义,这样的测试通常就称为集成测试,又叫组装测试。集成测试是构建软件体系结构的系统化技术,目的是利用已通过单元测试的模块建立设计中描述的程序结构。

7.6.2 非增量和增量测试

根据模块组成程序时的两种不同方法,集成测试方法可以分为非增量测试和增量测试。非增量测试构造整体程序,所有模块事先连接在一起,全部程序视为一个整体进行测试。这种方式适合小体量的软件。对于大型软件,非增量测试往往无法准确分离出错原因,纠错过程也非常困难。非增量测试需要先分别测试每个模块,需要编写的测试软件通常比较多,所需工作量较大。但是,使用非增量测试方法可以并行测试所有模块,因此能充分利用人力,工程进度可以加快。

相比之下,增量测试把程序以小增量方式逐步进行构建和测试,这样有易于程序错误的分离和纠正,更易于对接口进行彻底测试,并且可以应用系统化的测试方法。由于增量式的测试方法是利用已测试过的模块作为部分测试软件,因此编写测试软件的工作量比较小。它可以较早发现接口错误。同时,它把已经测试好的模块和新加进来的那个模块一起测试,已测试好的模块可以在新的条件下受到新的检验,使程序的测试更彻底。但是,由于测试每个模块时所有已经测试完的模块也要跟着一起运行,因此,增量测试需要较多的机器时间。

7.6.3 自顶向下集成测试

自顶向下的集成测试方法是一个日渐为人们广泛采用的构建软件的方法。从主控制模块("主程序")开始,沿着软件的控制层次逐步向下,利用深度优先或广度优先策略,将从属于或间接从属于主控模块的各个模块组装到整体软件结构中去。深度优先集成是首先集成位于程序结构中主控路径上的所有模块。主控路径可以根据应用的特征进行选择,例如,选择图 7-12 中最左路径,首先集成模块 M1、M2 和 M5;其次在 M2 正常运行时,集成 M6 或 M8;最后集成中间和右边控制路径上的模块。广度优先集成首先沿着水平方向,将属于同一层次的模块组装起来,例如,首先集成模块 M2、M3 和 M4;其次集成下一个控制层次的 M5、M6,以此类推。把模块结合进软件结构的具体过程由下述四个步骤完成:

第一步，对主控制模块进行测试，测试时用桩程序代替所有直接附属于主控制模块的模块；

第二步，根据选定的结合策略（深度优先或广度优先），每次用一个实际模块代换桩程序（新结合进来的模块往往又需要新的桩程序）；

第三步，在结合进一个模块的同时进行测试；

第四步，可以执行回归测试以保证加入模块没有引进新的错误。

自顶向下的结合策略能够在测试的早期对主要的控制或关键的抉择进行检验。在一个分解得好的软件结构中，关键的抉择位于层次系统的较上层，因此首先碰到。如果主要控制确实有问题，早期认识到这类问题是很有好处的，可以及早想办法解决。如果选择深度优先的结合方法，可以在早期实现软件的一个完整的功能并且验证这个功能。早期证实软件的一个完整的功能，可以增强开发人员和用户双方的信心。

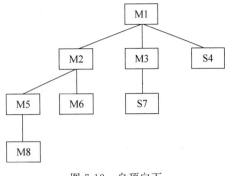

图 7-12　自顶向下

自顶向下的方法讲起来比较简单，但是实际使用时可能遇到逻辑上的问题。这类问题中最常见的是，为了充分地测试软件系统的较高层次，需要在较低层次上的处理。然而在自顶向下测试的初期，存根程序代替了低层次的模块，因此，在软件结构中没有重要的数据自下往上流。为了解决这个问题，测试人员有两种选择：

① 把许多测试推迟到用真实模块代替了桩程序以后再进行；

② 从层次系统的底部向上组装软件。

7.6.4　自底向上集成测试

自底向上测试从"原子"模块（即在软件结构最底层的模块）开始组装和测试。因为是从底部向上结合模块，在处理时总能得到需要的下层模块的功能，所以不需要桩程序。自底向上的结合策略可以由下述步骤实现：

（1）把低层模块组合成实现某个特定的软件子功能族；

（2）编写驱动程序（用于测试的控制程序），协调测试数据的输入和输出；

（3）对由模块组成的子功能族进行测试；

（4）去掉驱动程序，沿软件结构自底向上移动，把子功能族组合起来形成更大的子功能族。

图 7-13 展示了遵循这种策略的测试结果。连接相应模块形成族 1、族 2 和族 3，通过驱动程序（图中虚线框）对每个族进行测试。族 1 和族 2 中的模块从属于 Ma，去掉驱动程序 D1 和 D2，将这两个族直接与 Ma 相连。类似地，在族 3 与 Mb 连接之前去掉驱动程序 D3。最后将 Ma 和 Mb 与 Mc 连接起来。

7.6.5　不同集成测试策略的比较

上面介绍了集成测试的两种策略，到底哪种方法更好一些呢？一般说来，一种方法的优点对应于另一种方法的缺点。自顶向下测试方法的主要优点是不需要测试驱动程序，能够在测试阶段的早期实现并验证系统的主要功能，而且能在早期发现上层模块的接口错误。

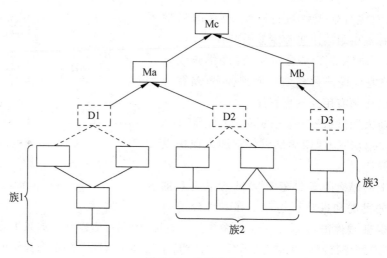

图 7-13　自底向上

自顶向下测试方法的主要缺点是需要存根程序,可能遇到与此相关联的测试困难,低层关键模块中的错误发现较晚,而且用这种方法在早期不能充分展开人力。可以看出,自底向上测试方法的优缺点与上述自顶向下测试方法的优缺点刚好相反。

在测试实际的软件系统时,应该根据软件的特点以及工程进度安排,选用适当的测试策略。一般说来,纯粹自顶向下或纯粹自底向上的策略可能都不实用,人们在实践中创造出许多混合策略。

改进的自顶向下测试方法,基本上使用自顶向下的测试方法,但是在早期,就使用自底向上的方法测试软件中的少数关键模块。一般的自顶向下方法所具有的优点在这种方法中也都有,而且能在测试的早期发现关键模块中的错误;但是,它的缺点也比自顶向下方法多一条,即,测试关键模块时需要驱动程序。

混合法,对软件结构中较上层,使用的是自顶向下方法;对软件结构中较下层,使用的是自底向上方法,两者相结合。这种方法兼有两种方法的优点和缺点,当被测试的软件中关键模块比较多时,这种混合法可能是最好的折中方法。

7.7　验 收 测 试

经过集成测试,已经按照设计把所有模块组装成一个完整的软件系统,接口错误也已经基本排除了,接着就应该进一步验证软件的有效性,这就是验收测试的任务。但是,什么样的软件才是有效的呢?软件有效性的一个简单定义是:如果软件的功能和性能如同用户所合理地期待的那样,则软件是有效的。

在需求分析阶段产生的文档准确地描述了用户对软件的合理期望,因此是软件有效的标准,也是验收测试的基础。

7.7.1　验收测试的范围

验收测试的目的是向未来的用户表明系统能够像预定要求那样工作。验收测试的范围与系统测试类似,但是也有一些差别,例如:

（1）某些已经测试过的纯粹技术性的特点可能不需要再次测试；

（2）对用户特别感兴趣的功能或性能，可能需要增加一些测试；

（3）通常主要使用生产中的实际数据进行测试；

（4）可能需要设计并执行一些与用户使用步骤有关的测试。

验收测试必须有用户积极参与，或者以用户为主进行。用户应该参加设计测试方案，使用用户接口输入测试数据并且分析评价测试的输出结果。为了用户能够积极主动地参与验收测试，特别是为了使用户能有效地使用这个系统，通常在验收之前由开发部门对用户进行培训。

验收测试一般使用黑盒测试法。应该仔细设计测试计划和测试过程，测试计划包括要进行的测试的种类和进度安排，测试过程规定用来检验软件是否与需求一致的测试方案。通过测试要保证软件能满足所有功能要求，能达到每个性能要求，文档资料是准确而完整的，此外，还应该保证软件能满足其他预定的要求（例如，可移植性、兼容性和可维护性等）。验收测试有两种可能的结果：

（1）功能和性能与用户要求一致，软件是可以接受的；

（2）功能或性能与用户的要求有差距。

在这个阶段发现的问题往往和需求分析阶段的差错有关，涉及的面通常比较广，因此解决起来也比较困难。为了确定解决验收测试过程中发现的软件缺陷或错误的策略，通常需要和用户充分协商。

7.7.2　配置评审

验收测试的一个重要内容是评审软件配置。评审的目的是保证软件配置的所有成分都齐全，各方面的质量都符合要求，文档与程序一致，具有维护阶段所必须的细节，而且已经编排好目录。

除了按合同规定的内容和要求，由人工审查软件配置之外，在验收测试的过程中应该严格遵循用户指南以及其他操作程序，以便检验这些使用手册的完整性和正确性。必须仔细记录发现的遗漏或错误，并且适当地补充和改正。

7.7.3　α 测试和 β 测试

α 测试是由最终用户代表在开发环境下进行的测试，也可以是开发机构内部的用户在模拟实际操作环境下进行的测试。α 测试的目的是评价软件产品的功能性、局域化、使用性、性能和支持性，尤其注重产品的界面和特色。α 测试人员是除产品开发人员之外首先见到产品的人，他们提出的功能和修改意见是特别有价值的。α 测试可以从产品编码结束之时开始，或在模块测试完成之后开始，也可在验收测试过程中产品达到一定的稳定和可靠程度以后再开始。

β 测试是在一个或多个用户的实际使用环境下进行的测试，这些用户是与公司签订了支持产品预发行合同的外部用户，他们要求使用该产品，并愿意返回有关错误信息给开发者。与 α 测试不同的是，开发者通常不在测试现场。因而，β 测试是在开发者无法控制的环境下进行的软件现场应用。在 β 测试中，由用户记下遇到的所有问题，包括真实的以及主观认定的，定期向开发者报告，开发者在综合用户的报告后，做出修改，最后将软件产品交付给全体用户。β测试着重衡量产品的支持性,包括文档、客户培训和支持产品生产能力。只有当 α 测试达到一定的可靠程度后,才能开始 β 测试测试。

复习思考题

1. 为什么对于一个程序而言没必要在交付给客户之前保证完全没有缺陷?

2. 为什么测试只能表明错误的存在,而不是显示没有错误存在?

3. 软件测试的步骤是什么? 这些测试与软件开发各阶段之间的关系?

4. 选择一个你最近设计和实现的构件。设计一组测试用例,保证利用基本路径覆盖测试执行所有的语句。

5. 单元测试、集成测试和验收测试各自主要目标是什么? 它们之间有什么不同? 相互有什么关系?

6. 当下社会有部分人追求"短、平、快"的逐利之风,试从工匠精神的角度出发,谈谈应该如何做好软件测试?

第8章 软 件 维 护

学习目标

1. 理解软件维护的基本概念;
2. 掌握软件维护的过程和方法;
3. 培养诚信意识和为人民服务的素质;
4. 培养踏踏实实的工作作风。

8.1 软件维护的定义

在软件已经交付使用之后,为了改正错误或满足新的需要而修改软件,这个过程称为软件维护。软件维护是软件生命期的最后一个阶段。软件维护主要有以下4方面:

(1) 改错性维护(Corrective Maintenance),诊断和改错,占全部维护活动的17%~20%;

(2) 适应性维护(Adaptive Maintenance),为了适合变化了的环境(如软/硬件升级、新数据库等)而修改软件,占全部维护活动的18%~25%;

(3) 完善性维护(Perfective Maintenance),为了增加新功能或修改已有功能,改造界面,增加帮助等而修改软件,占全部维护活动的50%~66%;

(4) 预防性维护(Preventive Maintenance),为了改进未来的可维护性或可靠性,或为了给未来的改进奠定更好的基础而修改软件,与其他维护活动共占总维护的5%左右。

以上常见的4个方面维护及其维护工作量,见图8-1。

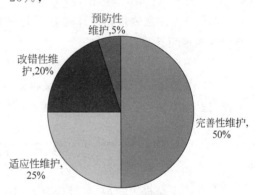

图 8-1 各类软件维护分布图

注:

(1) 一般维护的工作量占生存周期70%以上,维护成本约为开发成本的4倍;

(2) 文档维护与代码维护同样重要。

8.2 软件维护的特点

软件维护具有如下特点:

1. 结构化维护与非结构化维护

从阅读需求、设计文档开始,从修改设计入手,对所做的修改进行复查,并重复过去的测试,以确保没有引入新的错误。这种以完备的文档为基础的维护称为结构化维护。没有完整的文档,维护只能从代码着手,这种维护称为非结构化维护。

2. 维护的代价高昂

软件维护工作量可分为生产性活动(分析评价、修改设计、编写代码等)和非生产性活动(理解代码功能、解释数据结构、接口特征与性能约束等)。可以采用一种如下估算模型来评估维护工作量:

$$M = P + K(c - d)$$

其中,M:总的维护工作量;

P:生产性工作量;

K:经验常数;

c:复杂度;

d:维护人员对软件的熟悉程度。

3. 维护的问题很多

软件维护中出现的大部分问题都是由软件需求分析和设计过程的缺陷而引起的,在软件生存周期的最初两个阶段如果不进行严格而科学的管理和规划,必然会造成其生存周期最后的维护阶段产生种种问题。软件维护常见问题:

(1)理解他人编写程序往往是非常困难的。

(2)软件人员经常流动,因而当需要维护时,往往无法依赖开发者本人来对软件解释说明。

(3)需要维护的软件往往没有足够的、合格的文档。

(4)绝大多数软件在设计时并不会充分考虑到以后修改的便利问题,因此事后修改不但十分困难而且很容易出错。

(5)开发人员往往不参加维护。

(6)由于维护工作十分困难,又容易受挫,因而难以成为一项吸引人的工作。采用软件工程的思想方法,可避免或减少上述问题。

8.3 维 护 过 程

在维护申请提出之前,与维护有关的工作已经开始。首先的工作是要建立一个组织,对每一个维护申请写出报告并对其过程进行评价,而且对每类维护都要制定规范化的工作程序。虽然对于大多数软件开发机构并未建立专门的维护组织,但很有必要委派一个非专门的人员来负责相关工作。所有维护请求都必须唯一提交给该人员,由他提交给相关系统管理人员对该维护请求进行评价。

1. 建立维护组织

在维护活动开始之前就明确维护责任是十分必要的,这样可以大大减少维护过程中可能出现的混乱(参见图 8-2)。

图 8-2 维护组织

2. 维护报告

（1）维护申请报告

由用户填写的外部文件，提供错误情况说明（输入数据，错误清单等），或修改说明书等。

（2）软件修改报告

与 MRF 相应的内部文件，要求说明：

① 所需修改变动的性质；

② 申请修改的优先级；

③ 为满足某个维护申请报告，所需的工作量；

④ 预计修改后的状况。

3. 维护流程

维护流程示意图见图 8-3。

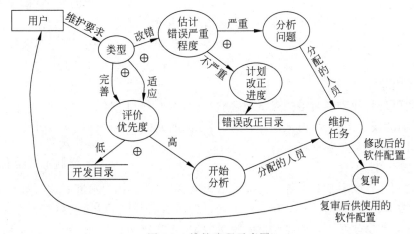

图 8-3 维护流程示意图

维护活动与新软件开发是有区别的，整个维护活动与新软件开发的设计、编码和测试各步是平行的，不过由于时间上的限制，可能省略或简化某些步骤。完成软件维护后，可进行一次复审,为提高软件组织的管理效能提供重要意见。

4. 存档与评估

每次维护活动都应该做好记录,以此来构成维护数据库。通常包括表 8-1 的维护数据,为每项维护工作收集这些数据,进而可对维护工作进行评价。

表 8-1　维护数据

程 序 名 称	程 序 语 句 数
机器指令条数	所用的编程语言
程序开始使用的日期	已运行次数
故障处理次数	程序改变的级别及名称
修改程序所删除的源语句数	名次修改日期
程序修改日期	软件工程师的姓名
维护要求表的标识	维护类型
维护开始和结束的日期	累计用于维护的人时数
维护工作的净收益	

5. 对维护的评价

如果有良好的维护记录,就可对维护工作做一些定量的评价。可计算如下一些度量:每次程序运行的平均出错次数;用在各类维护上的总人数;平均每个程序、每种类型的维护所做的程序变动数;维护过程中每增加或减少一条源语句平均花费的人时数;维护每种语言平均花费的人时数;处理一张维护要求表平均所需时间;各类维护申请的百分比。

8.4　可维护性度量

软件可维护性可定性的定义为:维护人员理解、改正、改动和改进这个软件的难易程度。提高可维护性是指导软件工程方法所有步骤的基本准则,也是软件工程追求的主要目标之一。

仅就程序自身来考虑,影响软件维护难易程度的因素有:系统的大小、系统的年龄、结构合理性。其他影响维护难易程度的因素还有:应用的类型、程序设计的语言、使用的数据库技术、IF 语句的嵌套层次、索引或下标变量的数量等。除了程序的自身因素外,文档是影响软件可维护性的决定因素。总体而言,软件可维护性可以归纳为以下 7 方面。

1. 可理解性

软件的可理解性表现为维护人员理解软件的结构、接口、功能和内部过程的难易程度。模块化、详细的设计文档、结构化设计、源代码内部的文档和良好的高级设计语言等,都对改进软件的可理解性又重要贡献。

2. 可测试性

可测试性主要取决于对软件容易理解的程度,良好的文档对诊断和测试是至关重要的。此外,软件结构、可用的测试工具和调试工具,以及以前设计的测试也都是非常重要的。维护人员应该能够得到在开发阶段用过的测试方案,以便进行回归测试。在设计阶段应该尽量把软件设计容易测试和容易诊断。这是指论证程序正确性的容易程度。

3. 可修改性

软件的可修改性指程序容易修改的程度,而软件容易修改的程度和软件设计原理和规章直接有关,如耦合、内聚、局部化和控制工作域的关系等,都影响软件的可维护性。

其度量方法:

$$D = \frac{A}{C}$$

其中,D=修改难度;A=要修改的模块的复杂度;C=所有模块的平均复杂度;$D>1$表示修改很困难。

4. 可靠性

软件不仅能在通常环境下正常运行,还要能在特殊情况下运行良好。尤其诸如航海、航天、采矿等涉及安全作业领域,软件的稳定可靠运行更是重要的维护指标。

5. 可移植性

软件被移植到一个新环境的容易程度。

6. 可用性

可用性是指一个软件易学、易用、有效、较少出错、容许修改错误。

7. 效率

指程序能执行预定功能,而又不浪费机器资源的程度。

此外,如图 8-4 所示,可以通过复审软件开发的各个阶段,来度量软件的可维护性。根据不同开发阶段的工作特点,各个阶段复审的重点也有所不同。

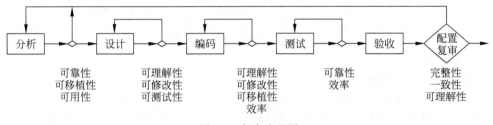

图 8-4　复审流程图

8.5　预防性维护

为了修改旧程序以适应用户新的或变更的需求,有以下几种做法可供选择:

(1) 反复多次地做修改程序的尝试,以实现所要求的修改;

(2) 通过仔细分析程序尽可能多地掌握程序的内部工作细节,以便更有效地修改;

(3) 在深入理解原有设计的基础上,用软件工程方法重新设计、重新编码和测试那些需要变更的软件部分;

(4) 以软件工程方法学为指导,对程序全部重新设计、重新编码和测试,为此可以使用CASE 工具(逆向工程和再工程工具)来帮助理解原有的设计。

进行预防性维护的必要性:

(1) 维护一行源代码的代价可能是最初开发该行源代码代价的 14～40 倍;

(2) 重新设计软件体系结构(程序及数据结构)时使用了现代设计概念,它对将来的维护可能有很大的帮助;

(3) 由于现有的程序版本可作为软件原型使用,开发生产率可大大高于平均水平;

（4）用户具有较多使用该软件的经验，因此，能够很容易地搞清新的变更需求和变更的范围；

（5）利用逆向工程和再工程的工具，可以使一部分工作自动化；

（6）在完成预防性维护的过程中可以建立起完整的软件配置。

8.6 软件再工程过程

典型的软件再工程过程模型如图 8-5 所示，该模型定义了 6 类活动。在图中显示的再工程范型是一个循环模型。这意味着作为该范型的组成部分的每个活动都可能被重复，而且对于任意一个特定的循环来说，过程可以在完成任意一个活动之后终止。

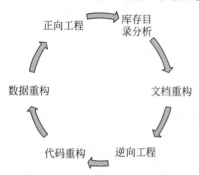

图 8-5 软件再工程过程模型

1. 库存目录分析

每个软件组织都应该保存其拥有的所有应用系统的库存目录。该目录包含关于每个应用系统的基本信息（例如，应用系统的名字，最初构建它的日期，已做过的实质性修改次数等）。

下述 3 类程序有可能成为预防性维护的对象：

（1）预定将使用多年的程序；

（2）当前正在成功地使用着的程序；

（3）最近可能要做重大修改或增强的程序。

2. 文档重构

具体情况不同，处理这个问题的方法也不同：

（1）建立文档非常耗费时间，不可能为数百个程序都重新建立文档。

（2）为了便于今后的维护，必须更新文档，但是由于资源有限，应采用"使用时建文档"的方法。

（3）如果某应用系统是完成业务工作的关键，而且必须重构全部文档，则仍然应该设法把文档工作减少到必需的最小量。

3. 逆向工程

软件的逆向工程是分析程序以便在比源代码更高的抽象层次上创建出程序的某种表示的过程。

4. 代码重构

代码重构是最常见的再工程活动。某些旧程序具有比较完整、合理的体系结构，但是，个体模块的编码方式却是难于理解、测试和维护的。在这种情况下，可以重构可疑模块的代码。

5. 数据重构

对数据体系结构差的程序很难进行适应性修改和增强，事实上，对许多应用系统来说，数据体系结构比源代码本身对程序的长期生存力有更大影响。与代码重构不同，数据重构发生在相当低的抽象层次上，它是一种全范围的再工程活动。当数据结构较差时，应该对数据进行再工程。

6. 正向工程

正向工程也称为革新或改造，这项活动不仅从现有程序中恢复设计信息，而且使用该信息去改变或重构现有系统，以提高其整体质量。正向工程过程应用软件工程的原理、概念、技术和方法来重新开发某个现有的应用系统。在大多数情况下，被再工程的软件不仅重新实现现有系统的功能，而且加入了新功能和提高了整体性能。

复习思考题

1. 为什么人们经常错误地认为软件维护比不上软件开发？
2. 软件维护的特点有哪些？
3. 软件维护的过程是什么？
4. 提高可维护性的方法有哪些？
5. 维护工作对于单人软件生产组织有哪些意义？
6. 试从诚信的角度思考为何要做好软件维护。

第二部分　软件工程课程实践

第9章 课程实践概述

软件工程课程的学习必须将理论与实践相结合,通过实践训练加深对软件工程原理和方法的理解,掌握主流的软件工程技术和工具。本章介绍的课程实践,可用于软件工程课程实验教学,也可用于软件综合课程设计、毕业设计等实践类学习。

9.1 实践实施形式

实践要求学生在一学期内以团队形式,完成一个贯穿课程全程、体现高阶性、创新性和挑战度的软件工程项目(简称"软件项目")。

1. 软件项目达成目标要求

有完备的文档,设计方案合理,能实现软件的主要功能并运行,使用的软件工程过程、方法、工具、语言不限,但不得侵犯他人知识产权。

2. 组织形式

以 4～5 人学习小组为软件项目开发团队,按照基于项目的学习方法(PBL)团队合作方式进行,由学习组长按照总体目标和阶段性要求,有计划地组织团队成员,完成各项分析、设计、开发、测试等任务。

3. 软件项目选题要求

题目要具有一定的应用价值,符合社会和市场的需求,最好能具有一定的创新性;具有现实性和可操作性,即通过团队成员的协作开发、学习研究和不断实践能够完成的项目。

4. 阶段性实验成果

课程作业随着教学的开展分阶段进行,项目小组要按照教师布置的各个阶段的任务要求完成各项实验任务,包括设计文档、软件系统、成果讲解展示等。

9.2 实践阶段项目

实践阶段可按表 9-1 进行。

表 9-1 软件项目阶段实验

序号	实验项目	要 求	学习成果
1	实验 1 启动项目	(1) 拟定项目题目; (2) 完成项目前期准备调研,初步确定系统的主要需求功能、技术方案; (3) 制订初步的计划方案; (4) 确定使用的管理及开发工具	实验 1 软件项目启动报告

序号	实验项目	要　　求	学习成果
2	实验 2 明确需求	(1) 开展调研,完成需求建模分析; (2) 完成功能需求和非功能需求定义; (3) 根据项目的实际需求,结合需求文档的规范,设计项目需求文档	实验 2 需求分析报告
3	实验 3 制订计划	(1) 按照软件生命周期模型进行分阶段规划,文档撰写层次要以生命周期模型为主线,层次要清晰; (2) 明确说明各个阶段实现的目标和成果,成果是可见的、可实现的、可审核的; (3) 要对软件规模和工作量进行估算,估算的重点部分要严谨; (4) 要有时间进度规划; (5) 要使用必要的绘制工具进行表格或图示的绘制,包括但不局限于 Visio、Xmind 等	实验 3 项目规划文档
4	实验 4 模型设计	(1) 完成概要设计; (2) 完成详细设计	实验 4 系统设计报告
5	实验 5 系统测试	(1) 制订测试计划和用例; (2) 完成主要功能开发和测试; (3) 进行系统试运行	实验 5 系统测试报告
6	实验 6 项目验收	(1) 完成系统说明书; (2) 系统可运行	实验 6 系统说明书

第 10 章　启 动 项 目

课程实践开始前,首先要完成的是选题、组队工作,并确定团队的工作方式和开发计划,同时对项目采用的技术方案有初步的可行性分析。

10.1　项 目 选 题

软件已在社会各领域广泛应用,选题的类型和方向多样化。学生选题可采取以下基本原则:

1. 参考软件工程的典型应用

主要有网络应用软件,如电子邮件系统、聊天软件、浏览器、信息检索软件、休闲娱乐软件、行业网络软件等;企业信息系统,如企业资源规划系统、供应链管理系统、客户关系管理系统、企业决策支持系统、企业业务流程管理系统等;电子商务系统,如在线购物平台、垂直电商平台、移动购物软件等;嵌入式软件,如智能家居、物联网应用、工业控制软件等;多媒体与游戏软件,如产品演示软件、娱乐系统、虚拟现实应用等;还有各类农业、医疗、政务等行业应用软件。

2. 选择项目功能和业务流程完整的题目

实践目的在于让学生领会和理解软件工程过程、方法和技术的应用与融合,功能完整的题目可以锻炼学生的设计能力,业务流程完整的题目对学生提升需求分析、设计与软件构造很有帮助。

3. 选择技术难度适中、可行性好的题目

实践完成的时间为一学期,技术难度太大,学生难以完成,造成挫折感;难度小,则没有锻炼价值。建议根据学生技术基础和兴趣、就业目标,选择主流又难度适中的技术方案。

4. 选题鼓励学生有所创新

创新是软件工程发展的动力,应鼓励学生适当增加功能、流程或设计等方面的创新探索,例如,以主流软件作为原型,针对其缺点或功能空白点,开发出有新意的软件,锻炼学生批判和创新等高阶思维能力。

5. 应进行选题调研

选题应有一定的社会效益和经济效益,问题定义、用户群体和解决方案要在正式启动项目前有初步的可行性分析,例如,应开展用户调研,掌握用户对软件解决的目标问题定义和解决方向。另外,基于互联网的软件受用户规模影响加大,也需合理评估题目的范围。

下面以"图书馆系统"为例,讨论如何选题。第一要建立问题导向思维,认识到图书馆是社会常见服务,利用软件提升图书馆管理成效是有社会效益和经济效益的;第二要明确问题范围,图书馆的使用很广泛,可以按用户全体划分,有面向市民的社会图书馆,面向大学生的大学图书馆,面向中小学的图书馆,面向社区的图书馆等,这些图书馆在用户需求、用户规模、管理机制上有很大差异;第三是考虑功能范围,图书馆管理流程从采编、流通、报废等应用分为多个功能模块,根据图书馆类型,各模块功能性需求有较大差异;第四要思考技术方案,这不仅与团队技术基础和技术先进性等技术因素相关,更重要的是跟软件运行形式,即用户使用方式有联系,如多客户端、物联网管理等。同学们要做好选题,平时要注意多观察和分析社会软件应用,积累经验。

10.2　组建团队

团队开发是软件产业常态化的开发模式,课程实践要求学生组建团队,目的是模拟未来软件工程情景,让同学们掌握团队开发的流程、方法和工具,锻炼沟通、合作、批判和表达等非技术技能。团队开发也能充分发挥集体力量,在短周期内完成课程实践的实验任务。在组建团队时,同学们应侧重以下几方面:一是按照团队职业岗位要求,寻找合适的人选;二是考虑团队的合作难易度;三是注意团队的领导力。

首先,课程实践一定要按照软件企业团队开发设置职业岗位,例如软件经理、需求分析师、软件工程师等,并根据选题所需的经验、技术寻找合适的同学,人数一般 4~5 人为宜。通常,很多同学并不具备相应的基础,因此,团队要达成共识,通过课程实践学会某项软件工程的方法、技术和工具,不会没关系,要有肯学、坚持学、一定要学会的拼劲。

而对于团队合作难易度,同学们一般会选择熟悉的同学,多为同宿舍,这是有利有弊。因为未来的工作中,与不熟悉的人一起工作是很常见的,大多数理工科专业的同学在表达方面都存在缺乏逻辑、表达不规范、语言不通顺等问题,因此,在团队中加入一些平时不熟悉的同学,对于锻炼自身的综合能力是很有好处的。

最后要注意的是无论哪个团队,都应该有良好的管理秩序,要有层次清晰的管理结构,有领导者,分工明确,可执行力强,能集体讨论解决课程实践问题和突发情况,同学们应根据自身特点和发展需要,主动承担管理或技术岗位,充分利用课程实践的锻炼作用。

10.3　项目进度安排

软件项目管理是现代软件工程不可缺少的学习内容。在一个学期内,既要学好理论,又要完成多个实验,合理的项目进度安排是必需的。在项目启动阶段,项目进度安排更多作为评估选题和团队完成的可行性支撑,即把项目开始和完成时间与学期时间匹配,测算该团队是否能完成选题,根据可行性分析,对选题和团队作调整。建议参考以下原则:

(1) 进度安排要综合考虑需求分析、设计、编码和测试环节,采用的过程模型、方法、技术等因素合理评估,不少同学只考虑编码,对分析和设计估算不足,容易造成前面分析和设计赶时间马虎完成,后面的编码无法按设计方案实现,最后完成结果与需求不一致,这就相当于没有规范使用软件工程的知识。

(2) 进度安排要考虑理论与课程实践并行,有些同学学完一个阶段的理论,才开始课程实践,但下一个阶段的理论学习也开始了,容易造成混乱。因此建议在一个阶段中,应理论与实践同时进行,争取在理论学习后,实践也相应完成,这就要求同学们要合理安排学习,使用合适的学习方法,例如理论学习应提前预习,课程实践应及时与团队讨论解决问题,实验要认真完成。

10.4 实验要求

实验名称:实验 1 软件项目启动

实验内容:

(1) 拟定项目题目;

(2) 组建项目团队,合理分工;

(3) 完成项目前期准备调研,初步确定系统的主要需求功能、技术方案;

(4) 制订初步的计划方案;

(5) 确定使用的管理及开发工具。

提交要求:

完成实验 1 软件项目启动报告。

第11章　明确需求

从撰写文档的角度来说,在这一部分中主要是完成需求规格说明书的撰写工作;从软件设计的角度来说就是要将目标系统的需求表述清楚。

11.1　引　　言

1. 背景

叙述该项软件开发的意图、应用目标、作用范围以及其他应向用户说明的有关该软件开发的背景材料;明确需求分析过程涉及的相关方。

2. 词汇表

如同表 11-1 那样,列出本软件需求规格说明书中专门术语的定义、英文缩写词的原词组和意义、项目组内达成一致意见的专用词汇,同时要求继承全部的先前过程中定义过的词汇。

表 11-1　专业术语定义

词 汇 名 称	词 汇 含 义	备　　注

备注中注明该词汇的来源,或有其他更详细的解释的文档,以及对该词汇的其他叫法。

3. 参考资料

列出编写本报告时参考的文件、资料、技术标准以及他们的作者、标题、编号、出版日期和出版单位。列出编写本报告时查阅的 Internet 上杂志、专业著作、技术标准以及其网址。

11.2　软件概述

11.2.1　软件的范围定义

对待开发的软件系统及其目的进行简短描述,包括利益和目标。把软件与企业目标或业务策略相联系。

解释待开发软件与其他有关软件之间的关系:如果本软件产品是一项独立的软件,而且全部内容自含,则说明这一点;如果所定义的产品是一个更大的系统的一个组成部分,则应说明本产品与该系统中的其他各组成部分之间的关系,为此可使用方框图或表格来说明该系统的组成和本产品同其他各部分的联系和接口。

11.2.2 系统特性概述

概括描述待开发的软件能够为用户提供哪些服务,详细内容将在需求规格中给出。

可以使用如表 11-2 的列表的方式给出,对软件的系统特性进行适当的组织,使每个用户都易于理解,同时须确定系统特性的优先级(高、中、低)。也可以采用图形描述各系统特性之间的分组情况以及它们之间的联系,例如概念图、数据流图的顶层图或类图。

表 11-2　系统特性概述

系统特性名称	系统特性描述	优　先　级

11.2.3 系统运行环境

列出系统运行时需要的软件和硬件环境。

11.2.4 假定和依赖

列举出在对本文档中确定的需求进行描述的时候的假设条件。包括预计使用的商业组件、行业法规、开发或运行环境的问题。

描述软件系统对外部因素存在的依赖。例如,若打算把其他项目开发的组件集成到系统中,那么就要依赖另一个项目按时提供正确的组件。

11.3 外部接口和需求

简要说明该软件同其他软件之间的公共接口、数据通信协议等,如果外部接口仅与某子功能有关,该接口说明需单独陈述。可以使用关联图描述高层抽象的接口信息,也可根据需要将对接口数据和控制组件的详细描述写入数据字典中。

11.3.1 用户界面

描述需要用户界面的逻辑特征。这些特征包括但不限于:

(1)将要采用的图形用户界面(GUI)标准或产品系列的风格;

(2)屏幕布局或解决方案的限制;

(3)将出现在每个屏幕的标准按钮、功能或导航链接(例如一个"帮助"按钮);

(4)快捷键;

(5)错误信息显示标准。

对于用户界面的细节,例如特定的对话框的布局,在这里不必详细描述,以免由于过分的细节规定影响项目的开发进度以及开发人员的创造能力。

11.3.2 软件接口

描述软件系统与其他外部组件(须注明名称和版本)的连接,包括数据库、操作系统、工具软件、库和集成的商业组件。明确在软件组件之间交换数据的目的,描述所需的服务以及内部组件通信的性质。确定将在组件间共享的数据,参见表 11-3。

表 11-3　软件接口描述

软件接口名称	外部组件名称	版　本　号	接 口 描 述

11.4　需求规格

列出待开发软件系统中所有系统特性及每个特性中所包含的功能集。如果系统特性的功能集和细化的子功能比较繁多,可以将每个系统特性分别编写《软件需求规格说明》,在本处列出文档编号和分册名称。功能需求的描述是根据系统特性即软件所提供的服务来组织的。根据项目的实际需要,也可以通过使用实例、运行模式、用户类、对象类或需求优先级的描述方法对这部分内容加以辅助说明。

在描述时尽量使用简短明了的语句定义系统特性和功能的名称。例如:"拼写检查和拼写字典管理"。

为满足某软件需求的可跟踪性和可维护性,需唯一确定每个系统特性及相应的功能,尤其对于需求复杂度较高、项目规模较大的项目,唯一性标识尤为必要。对需求的标识可以采用序列号(UR-2;SRS-31B)、层次编码(4.1.3.2)或自定义其他的方法。在下面的系统特性和相应功能集的描述中贯彻并在项目组内达成一致。

11.4.1　系统特性 1(编号/名称)

这部分内容要求对每个系统特性以及包含的功能集分别进行描述。

1. 系统特性说明

对该系统特性面向的最终用户、能够提供的具体服务以及使用时机和必要的依赖关系进行简明、清晰的描述。

2. 功能需求

详细列出该系统特性包含的功能集。这些是须提交给用户的软件功能,使用户可以使用所提供的特性执行特定的服务。描述各功能需求如何响应可预知的出错条件或者非法输入或动作。对每个功能需唯一标识,参见表 11-4。

表 11-4　功能需求定义

功能编号	功能名称	功能描述

11.4.2　系统特性 2(编号/名称)

其他内容根据项目的具体情况依次进行说明。

11.5 实 验 要 求

实验名称：实验 2 项目需求分析。

实验内容：

(1) 掌握软件需求获取、需求分析、需求文档化方法；

(2) 依据"实验 1 软件项目启动"选定的题目，进行调研，组织研讨活动；

(3) 完成需求获取、需求分析工作，并撰写相应的系统需求规格说明文档；

(4) 背景分析要充实，不能泛泛而谈，要对已有（相近）的系统进行比较详尽的分析和描述，要有系统流程图；

(5) 要将小组项目的功能描述清楚，要有系统层次图，要用数据流图和数据字典等工具对系统功能进行分析和描述；

(6) 要对系统的约束、运行环境等进行概要描述；

(7) 使用图、表、分析工具、描述工具是非常必要的。

提交要求：

完成实验 2 项目需求分析，提交 Word 文档和 PPT 文档，共计 2 份。

Word 文档命名为："第 ** 组-项目需求分析"，PPT 文档命名为："第 ** 组-项目需求分析讲解"，PPT 文档内容以图、表为主，要简练、逻辑清晰、论据充分。

明确需求

第 12 章 制订计划

项目计划包括项目概述和实施计划两个主要部分。首先要对项目的功能有一个概要的说明,对项目的支撑环境和条件进行说明;然后,根据第 3 章所学习的内容从进度规划和风险管理等方面进行项目计划。

12.1 引　言

12.1.1 编制目的

说明本项目开发目的、预期达到的目标。

12.1.2 说明背景

说明本项目开发的背景。主要描述与项目相类似的已有项目的情况,分析市场和用户情况。背景描述要结合具体的文献资料,要翔实描述,不能泛泛而谈。

12.1.3 列出参考资料

规范地列出编写本报告时参考的文件、资料、技术标准以及他们的作者、标题、编号、出版日期和出版单位。列出编写本报告时查阅的 Internet 上杂志、专业著作、技术标准以及其网址。

12.2 项目概述

12.2.1 说明项目功能

首先要对项目的功能进行概要的说明,然后,使用层次图或文字说明系统功能由哪些子系统或功能模块来实现。指定完成每个子功能模块所需的团队成员及其负责人,并按层次分解任务,将任务落实到每个人。

12.2.2 需要的支持条件

说明为完成本项目,承办部门已具备的条件和需进一步提供的条件,即资源要求,包括开发和测试该软件所必需的人员技术要求和设备等限定条件。逐项列出需要客户承担或配合的工作和完成的时间,包括需由客户提供的条件;如有必要还应列出需要外单位分承包者承担的工作和完成的时间。

12.2.3 必须的开发和运行环境

列出开发和运行本项目所需的硬件环境和软件环境。

12.3 实施计划

12.3.1 制定质量目标

参照 ISO/IEC 25010 标准,从功能适应性、效率、兼容性、易用性、可靠性、安全性、可维护性和可移植性 8 方面进行计划。

12.3.2 分阶段进行规划

按照软件生命周期定义并根据项目的特点进行适当的阶段划分,按照各个阶段进行规划。一般情况下,可包括但不限于需求分析、设计、编码、测试、验收等阶段,并且阶段可以组合、迭代。

12.3.3 制订风险管理计划

预测与项目有关的各项风险,并制定预防措施以减小或避免风险的产生,参照 OW051《风险管理规程》进行风险管理。

12.3.4 团队间的沟通

根据项目的相关性,项目管理者负责协调设计、开发等内部接口,确保及时有效的沟通,涉及相关开发项目及其他辅助工作时,由上层管理者配合协调。

12.3.5 与客户沟通

项目管理者负责与客户的协调,项目管理部门应配合开发部门进行协调、处理客户提出的意见或建议。项目计划中应说明需要同客户协商解决的问题,这些问题的解决应记录在开发过程的各个阶段记录中。

12.4 阶段计划进度表

可用项目管理工具编制开发计划进度表。开发计划进度表的编写说明。

(1)由项目经理负责起草。

(2)项目编号:给出由项目管理部门指定的编号。

(3)阶段号:各设定阶段的编号。如:1-设计和实现、2-测试和确认、3-验收、4-复制交付和安装、5-维护。

(4)任务序号:将任务按执行的先后顺序进行排号。

(5)任务名称:给出要完成的任务名,例如×××界面设计,×××功能实现,×××项目计划表编制等。

(6)参加人:本任务的所有直接执行人,第一个是责任人。

（7）工时：说明完成本项工作所需的工作量。以小时、天、周、月为计算单位，表示格式如下：

小时：H，如 3H，表示三小时；

天：D，如 3D，表示三天；

周：W，如 3W，表示三周；

月：M，如 1M，表示一个月。

（8）提交结果或里程碑：说明完成本项工作所提交的结果。

（9）评审：项目经理进行检查，运营维护部进行评审。

12.5　实　验　要　求

实验名称：实验 3 项目规划。

实验内容：

（1）熟悉软件过程相关概念和方法，掌握项目规划方法，熟悉项目规划的撰写要点；

（2）对小组项目进行分析、规划，要对重点条目进行比较详尽的描述，避免泛泛而谈；

（3）要用甘特图等工具对相应阶段进行规划，使用图、表、分析工具、描述工具是非常必要的。

提交要求：

完成实验 3 项目规划文档，提交文档命名为："第 ** 组-项目规划"。

第 13 章　　模 型 设 计

在进行模型设计前,一定要对课题背景和所涉及的业务流程调研清楚,充分了解用户的需求,并挖掘出用户的潜藏需求,做好需求确认工作,避免出现返工现象,提前规避软件设计风险。

需求分析中一定要弄清业务中存在的不便之处,原有管理方式有哪些地方可以通过信息系统或软件加以改善,或原有系统存在的缺陷,新系统开发的前提条件,新系统需要设计哪些功能来满足用户需求。

13.1　静态模型设计

主要设计构成系统的主要组件及其互连方式,可选用的模型表示有很多,如用例图、类图、对象图、包图、组合结构图、体系结构描述语言(ADL)、实体关系图(ERD)、接口描述语言(DL)和结构图。

13.2　动态行为模型设计

主要设计软件系统与组件的动态行为,行为描述还可以包含设计决策的依据与理由。可选用的模型表示有很多,如活动图、通信图、顺序图、状态图、计时图、交互概览图、数据流图、决策表与决策图、流图、形式化规约语言、伪代码与程序设计语言等。

13.3　物理模型设计

主要设计系统的软硬件组成和部署情况,可选用的工具有部署图、构件图等。

13.4　实 验 要 求

1. 实验目的
(1) 熟悉软件设计的相关概念、过程和工具;
(2) 掌握软件设计面向对象方法方法;
(3) 熟悉软件逻辑模型和物理模型的设计;
(4) 掌握系统设计文档的相关标准模板和撰写方法。
2. 实验内容
实行组长制,分组进行实验,各小组依据实验 1 项目启动选定的题目,实验 2 撰写的系统需求规格说明文档,选用面向对象方法进行系统设计,撰写相应的系统设计文档。

3. 提交要求

完成实验4模型设计。为便于评分,文档写作统一采用以下统一格式和提纲。

第1章　需求分析

　　1.1　系统开发的背景

　　1.2　用例识别

　　1.3　用例图

　　1.4　用例描述

第2章　系统静态模型

　　2.1　类的识别

　　2.2　类的属性与操作

　　2.3　类图

第3章　系统动态模型

　　3.1　顺序图

　　3.2　活动图

　　3.3　状态图

第4章　系统部署

　　4.1　组件图

　　4.2　部署图

第5章　总结与展望

13.5　评分标准

软件工程课程模型设计的评分参见表13-1。

表 13-1　软件工程课程模型设计的评分

评分内容		具体要求	分值
需求分析	系统概述	能清楚地阐述系统的相关信息、系统开发的背景和目前存在的问题	5
	用例图	能清楚地阐述新系统的功能,并且图形元素准确无误,有用例描述	15
系统静态模型	类图	所画类图准确无误,类(实体类、控制类、界面类)及其属性和操作定义完整,能实现用例图的所有功能	15
	适当选用组合结构图、对象图、包图	能根据需要适当选用	5
系统动态模型	顺序图	顺序图中的对象与类图中的类对应,消息与相应操作对应	10
	活动图	有泳道,模型元素准确无误,能清晰地表示相关业务流程	10
	状态图	系统中主要的对象有状态图,状态、转化、事件、动作表示清楚	10
	适当选用定时图、交互概览图、通信图	能根据需要适当选用	5

评 分 内 容		具 体 要 求	分值
系统部署	组件图	组件图模型元素表示准确无误,与类图和用例图有一定的对应关系	10
	部署图	节点表述清楚,系统部署准确无误	5
现场汇报		能简明扼要地阐述系统静态模型与动态模型的主要内容以及它们之间的联系。思路清晰,语言很流畅,能准确流利地回答各种问题	10
小计			100

第14章　系统测试

14.1　实验目的

掌握并应用软件测试策略制订测试计划；

掌握动态测试方法与应用，结合小组项目实际情况，针对其中某几个具体模块设计测试用例。

14.2　确定测试目的

根据理论课程讲授的测试策略，结合小组项目背景与开发目的，认真撰写测试系统测试引言。该部分内部包括测试目的与背景。其中测试目的必须明确说明拟采用的测试策略，采用该策略的原因，以及预期达到的目标。此外，在撰写过程中要参考某些前沿的方法、策略、技术，需要给出翔实的文献引用。

14.3　测试基本内容

首先，结合项目具体情况，认真研究分析，划分功能模块，针对某几个关键模块，制定测试要点。测试要点需要对以下信息进行具体描述。

测试方法：本次测试采用的测试方法（黑盒或白盒测试）。

测试类型：测试类型说明。

测试手段：如手工测试、自动测试或手工与自动测试相结合。如果采用手工与自动测试相结合的方式，需要说明不同手段所占比例；采用自动测试，需要详细说明选用的测试工具。

测试内容：根据软件产品或项目的实际特点确定测试内容。对于部分软件除基本功能测试外，可能还要进行如下测试：负载测试、强度测试、并发测试、恢复测试、安全性测试等。

问题等级描述：根据软件产品或项目的实际特点，为达成既定的质量目的，对项目中设计的工程问题进行等级划分与描述。

然后，根据项目情况，确定本次测试软件的运行与测试所需的硬件和软件境。

最后，确定本项目测试工作的开始时间和完成时间。

14.4　实施计划

计划的实施主要分为以下几个阶段：

14.4.1　测试设计工作任务分解与人员安排

实施计划前应该对系统功能和专业知识有所了解，编写测试大纲，设计测试用例，具体步骤有：

1. 时间安排

确定测试设计的开始时间和预计开始时间；确定测试设计的结束时间和预计结束时间。

2. 人员安排

列出预计参加本次测试设计工作的全部测试人员。

3. 输出要求

测试设计工作的输出应包括"测试大纲""测试用例"。

14.4.2　测试执行工作任务分解和人员安排

1. 时间安排

确定测试执行的开始时间和预计开始时间；确定测试执行的结束时间和预计结束时间。

2. 人员安排

列出预计参加本次测试设计工作的全部测试人员。

3. 输出要求

测试执行工作的输出有"测试问题清单"。

14.4.3　测试总结工作任务分解和人员安排

1. 时间安排

确定测试总结的开始时间和预计开始时间；确定测试总结的结束时间和预计结束时间。

2. 人员安排

列出参与本次测试总结工作的全部测试人员。

3. 输出要求

测试总结工作的输出有"测试总结报告"。

14.5　预算与风险控制

本阶段工作主要有以下几个步骤：

1. 本次测试所需工作量

工作量包括测试设计、测试执行和测试总结工作量，以人月或人日计，并详细注释测试设计、测试执行和测试总结所占的比重。软件测试工作量应为开发工作量的 $30\%\sim40\%$。

2. 本次测试所需的其他资源

这些资源如付费或免费的第三方测试工具、甲方人力、设备等资源。

3. 风险控制

根据本次测试的具体情况,分析过程中可能出现的风险并采取相应措施。

14.6　实 验 要 求

实验名称:实验 5 系统测试。

实验内容:

(1) 制订测试计划,设计测试用例;

(2) 完成主要功能的开发和测试;

(3) 进行系统试运行。

提交要求:

完成实验 5 系统测试报告。

第 15 章 项 目 验 收

15.1 评 分 标 准

课程实践评分包括实验报告、软件实现和答辩情况等方面。实验报告包括项目启动、需求分析、设计、测试和系统说明书等文档,侧重考察运用软件工程理论指导实践的情况,规范性和逻辑性等方面;软件实现侧重考察完成度、运行情况等方面;答辩分为期中和期末答辩,侧重考察选题、团队、能力、汇报等情况,参见表 15-1。

表 15-1 软件工程课程实践答辩评分

评 价 指 标	评 价 因 素
选题(20 分)	选题符合社会需求,有较大应用价值,符合国家文件政策、法律法规和社会道德
	用户群体明确、合理
	功能和非功能定义合适
	选题有新意、有挑战性
能力(30 分)	体现扎实的软件工程知识
	能规范、合理运用软件工程原理和方法解决问题
	能合理使用主流技术方案
	实现软件功能完成度高,运行情况良好
团队(10 分)	团队分工合理、组织有效
	体现团队协作精神
汇报(40 分)	表达准确、仪态自然大方、语言精练流畅,着装得体
	PPT 制作精良,内容完整,有系统演示
	汇报流程控制自如、逻辑性好
	能准确回答提问

15.2 实 验 要 求

实验名称:实验 6 项目验收。

实验内容:

(1)系统概述:简要介绍系统应用背景,系统功能简介,用户类别,系统意义等。

(2)系统安装说明:系统运行的软硬件详细配置说明,运行方式,安装配置步骤,必要时给出截图。

(3)系统功能介绍:分点介绍主要功能,要求有功能介绍、截图、操作步骤等。

（4）系统程序结构：介绍系统的实现技术方案，给出程序结构截图。

（5）开发总结：总结开发目标达成情况。

对照项目开发计划、需求报告的有关内容，说明原定的开发目标是达到了、未完全达到或超过了，开发进度是按计划、延期或提前，以表格分类列出。参见表 15-2。

表 15-2 开发目标达成情况表

需 求 描 述	开发目标达成情况	开发进度达成情况	未达成原因

采用技术方法评价

给出对在开发中所使用的技术、方法、工具、手段的评价。

收获与不足、改进措施。

提交要求：

完成实验 6，撰写《系统使用说明书》。

第三部分　软件工程应用案例

第16章 试题库管理系统

16.1 项 目 概 述

试题库管理系统是现代化教学手段的必要组成部分,主要作用为各学科的试题管理,试题分类处理和组卷能力等。系统可以帮助各类学校快速建立科学化、规范化、标准化和现代化为一体,具有学校学科、专业特色的试题库。促进考试命题的规范化、标准化和考试的科学化。系统还可以提高学校试题库建设的效率,降低使用成本,推动学生快速进入练习、考试、教学分析等考试应用阶段。

16.1.1 非功能性需求

(1)数据精确度:查询时应保证查全率,所有在相应域中包含查询关键字的记录都应能查到,同时保证查准率。

(2)时间特性:一般操作的响应时间应在1~2秒。

(3)适应性:满足运行环境在允许操作系统之间的安全转换和与其他应用软件的独立运行要求。

16.1.2 功能性需求

试题库管理系统主要功能如下(参见图16-1)。

1. 用户管理

(1)管理员要为每个老师建立账户,并进行用户的身份验证,老师对自己的课程、题目和试卷具有维护权限(也就是所有增加课程,删除课程,修改课程,新增试卷,修改试卷,删除试卷);

(2)学生可以自由注册,通过邮箱保持用户账号唯一;

(3)管理员账号需要权限最高的管理员才能创建。

2. 课程管理

(1)老师可以创建课程,在课程内可以创建班级;

(2)学生可自由选择课程班级申请加入;

(3)老师可以上传课程学习资源。

3. 试题库管理

(1)老师可以在课程内新增题目和试卷;

(2)老师可以得到系统对试卷的分析。

16.1.3 角色说明

学生:系统的使用者,主要功能有登录注册,考试等功能。

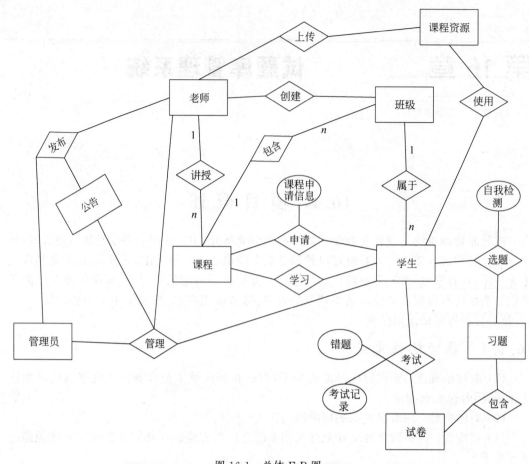

图 16-1　总体 E-R 图

老师：系统的使用，主要有课程、试卷的管理功能。

管理员：系统的维护者，维护系统数据库和发送重要系统通知。

16.2　系统设计

16.2.1　功能模块设计

功能模块分为教师用户模块、学生用户模块和管理员用户模块，具体内容见表 16-1～表 16-3。

表 16-1　教师用户模块

一级菜单	二级菜单	功能描述	权限要求
试卷模块	试卷管理	包括新增试卷，删除试卷，修改试卷，查询试卷	限制为教师用户
	统计分析	对试卷的分数，最高分，最低分的统计	限制为教师用户
	评阅试卷	对已经结束的试卷进行评阅，评阅的试卷会将错题添加到对应学生的错题集中	限制为教师用户
题目模块	题目管理	包括新增题目，删除题目，修改题目，批量导入题目，查询题目	限制为教师用户
课程模块	课程管理	包括课程班级管理，课程公告管理和课程资源管理	限制为教师用户

一级菜单	二级菜单	功 能 描 述	权限要求
个人信息	注册	注册平台账号,需要短信或邮箱验证,支持密码认证	限制为教师用户
	登录	登录平台账号,支持密码认证	限制为教师用户

表 16-2　学生用户模块

一级菜单	二级菜单	功 能 描 述	权限要求
课程模块	加入课程	用户搜索相应的课程后可以申请加入课程	限制为学生用户
	下载课程资源	用户加入课程后可以下载课程的资源,浏览课程公告和课程试卷	限制为学生用户
考试模块	参与考试	用户在加入课程后可以参与课程内的考试	限制为学生用户
	查询历史试卷	学生参与考试后可以查询考试得分和答题情况	限制为学生用户
错题模块	添加错题分类	用户新增一个错题分类	限制为学生用户
	移除错题	用户在错题集中移除错题	限制为学生用户
个人信息	注册	注册平台账号,需要短信或邮箱验证,支持密码认证	限制为学生用户
	登录	登录平台账号,支持密码认证	限制为学生用户

表 16-3　管理员用户模块

功能名称	功 能 描 述	权限要求
注册	注册平台账号,需要填写手机号和单位名称,短信验证通过后将开通个人账号和单位,并自动关联	限制为管理员用户
登录	通过短信验证码登录平台,根据用户所在单位的角色加载功能	限制为管理员用户
用户管理	管理系统内的学生和老师用户,提供联系管理员修改密码功能	限制为管理员用户
公告管理	发送系统公告,查询系统公告,删除公告和修改公告	限制为管理员用户
权限管理	对管理员分配对应的权限	限制为管理员用户
统计模块	对系统用户及相应的系统数据进行统计	限制为管理员用户

16.2.2　数据库设计

采用 MySQL5.5 为基本开发工具,数据库名称为 examdb。数据库中总共建立了 27 张表,表名分别为 student(学生表)、teacher(教师表)、privilege(管理员权限表)、role(管理员角色信息表)、admin(管理员表)、course(课程表)、apply_course(课程申请信息表)、course_class(课程班级表)、student_class(学生所属班级信息表)、course_chapter(课程资源表)、question_category(习题类型)、question_level(习题难易级别)、exam_question(习题信息)、question_answer(习题答案)、question_resource(习题的资源信息表)、question_collection_category(学生错题集分类表)、question_collection(错题集)、exam(试卷表)、exam_item(试卷题目表)、exam_record(学生考试记录表)、exam_record_item(答题项)、record_item_answer(题目选项安排信息表)、log(系统日志信息表)、news_category(系统公告分类表)、news(系统公告表)、self_exam_record(自我检测记录)、self_record_item(自我检测题项记录表)。

16.2.3　详细设计

1. 系统开发环境

操作系统:Windows 7

开发工具：idea2017.3.3

编译环境：JDK 1.8

Web 服务器：Tomcat 9.0

部署服务器：腾讯云

2. 系统设计思路

本系统设计参考了 tomexam 在线考试系统的功能，在原有系统需求基础上增加了定制化的需求与设计。系统是采用 Java 语言进行开发，技术与架构采用 MVC 三层架构、SSM 框架、H-ui admin 前端框架以及衔接第三方接口。严格执行高聚合、低耦合的原则进行各种接口的编写，运行环境参数设置采用 XML 配置文件加注解方式进行编写。

3. 模块设计示例

创建试卷

（1）业务流程

① 单击试卷管理下的创建试卷可以进入试卷创建窗口。

② 填写试卷名称、状态、开考时间、结束时间、考试时长、成绩公布时间、试卷说明等信息。

③ 单击选择班级按钮即可选择班级，单击清空则是清除所有班级。

④ 单击提交进行系统验证创建试卷信息。

⑤ 验证成功，提示"创建成功"，进入下一步。

⑥ 验证失败，提示"创建失败"。

⑦ 单击"取消"按钮清除所有填写的信息。

（2）业务规则

创建试卷必填信息：试卷名称、状态、开考时间、结束时间、考试时长以及班级。

成绩分析

（1）业务流程

① 单击统计分析下的成绩分析可以查看本老师下的试卷的成绩分析。

② 单击图形按钮放大镜可以显示选择试卷窗口。

③ 选择对应的试卷，显示试卷名字在 input 框中。

④ 增加或者减少分数区间，并输入对应的分数。

⑤ 单击开始统计，即可进行系统验证：

⑥ 验证成功，显示 ECharts 的饼状图分数区间所占比例；

⑦ 验证失败，显示空的饼状图。

⑧ 单击"取消"按钮可以返回上一个历史记录操作。

（2）业务规则

输入的分数必须为 0～100 的数字。

16.2.4 界面设计示例

界面设计的典型示例见图 16-2 和图 16-3。

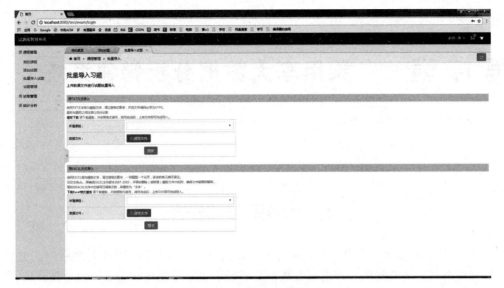

图 16-2　批量导入习题界面

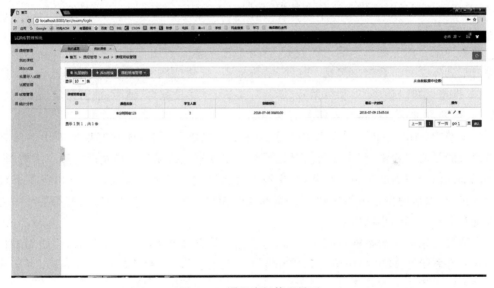

图 16-3　课程班级管理界面

第 17 章 　乘用车大数据分析销售系统

17.1　项 目 概 述

东软与某城市交管局合作,研发乘用车大数据分析系统,进行该市人群乘用车销管分析,解决该市汽车销管问题。乘用车大数据分析系统需要使用离线通信数据进行分析,东软与某省相关部门进行合作,东软负责提供分析模型并将分析模型部署到该省的的系统机房内,该省相关部门负责提供省市信令数据,共同完成乘用车销管分析并将最终分析结果提供给某城市交管局。

数据为某省的上牌汽车的销售数据,分为乘用车辆和商用车辆。数据包含销售相关数据与汽车具体参数。数据项包括:时间、销售地点、邮政编码、车辆类型、车辆型号、制造厂商名称、排量、油耗、功率、发动机型号、燃料种类、车外廓长宽高、轴距、前后车轮、轮胎规格、轮胎数、载客数、所有权、购买人相关信息等。

汽车销售(Auto Sales)是消费者支出的重要组成成分,同时能很好地反映出消费者对经济前景的信心。通常,汽车销售情况是了解一个国家经济循环强弱情况的第一手资料,早于其他个人消费数据的公布。因此,汽车销售为随后的零售额和个人消费支出提供了很好的预示作用,汽车消费额占零售额的 25% 和整个销售总额的 8%。另外,汽车销售可作为预示经济衰退和复苏的早期信号。

本项目是乘用车大数据系统的一部分,依托于某省的上牌汽车的销售数据,使用 HDFS分布式文件系统和 MapReduce 分布式并行计算框架,对汽车销量数据进行分析,为某城市交管局提供车辆销售的经济分析参考。

17.2　系 统 设 计

17.2.1　分析乘用车辆和商用车辆的数量和销售额分布所占的比重

(1) 根据汽车所属(个人,商用)来进行划分。

(2) 计算乘用车和商用车各自的数量,以及各自所占的比重。

首先,写一个 Mapper 来映射输出所有的乘用车辆和商用车辆的记录。然后,写一个reduce 统计出乘用车辆和商用车辆各自的数量,写入一个 map 的映射集合中,其中 key 为车辆类型,value 为车辆类型的数量。同时,定义一个成员变量,统计乘用车辆和商用车辆的总和。最后,重写 reduce 中的 cleanup 方法,在其中计算出乘用车辆和商用车辆各自的销售额分布,然后输出到 HDFS 分布式文件系统中,参见图 17-1。

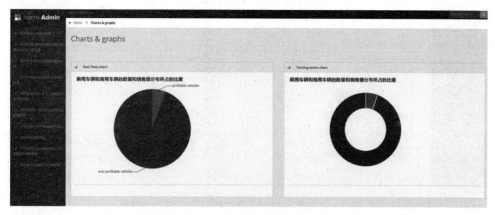

图 17-1　分析乘用车辆和商用车辆的数量和销售额分布所占的比重

17.2.2　分析某年每个月的汽车销售数量的比例

通过一个 Mapper 映射输出每个月份的汽车销售记录,再通过一个 reduce 计算出每个月份的销售总数,同时将所有月份的销售数量进行累加,然后用每个月份的汽车销售总数除以各个月份的销售总和,这样就计算出了每个月的汽车销售数量的比例,参见图 17-2。

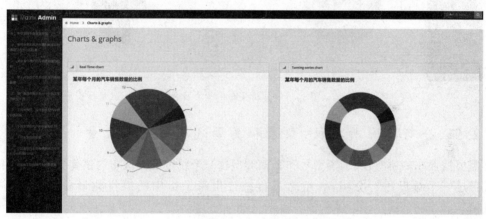

图 17-2　分析某年每个月的汽车销售数量的比例

17.2.3　分析某个月份各市区县的汽车销售的数量

以市+区县为单位来统计各个市及市下各个区县的销售数量,参见图 17-3。

17.2.4　用户数据市场分析——分析买车的男女比例

根据性别统计汽车的销售数量,首先通过一个 Mapper 映射出男性和女性各自的汽车销售记录,再通过一个 reduce 统计出男性和女性各自的汽车销售数量以及男和女的汽车销售数据总和。如此一来,我们用男性销售汽车数量除以总销售数量就可以计算出购车男女比例,程序代码执行的结果如图 17-4 所示。

乘用车大数据分析销售系统

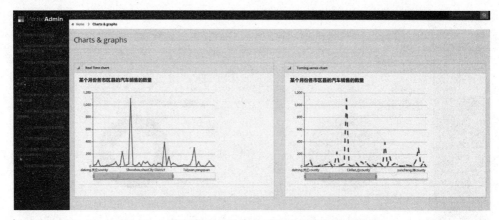

图 17-3　分析某个月份各市区县的汽车销售的数量

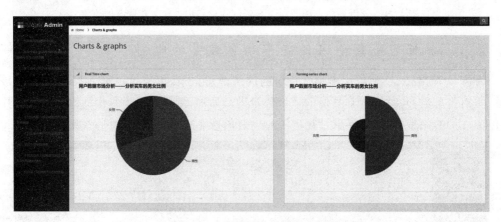

图 17-4　分析买车的男女比例

17.2.5　分析不同所有权、型号和类型汽车的销售数量

需要按照车辆所有权、车辆型号和车辆类型这三个维度统计汽车的销售数量,只要把数据按照这三个维度进行分组,分组之后再统计出每个组中的销售数量总和即可,参见图 17-5。

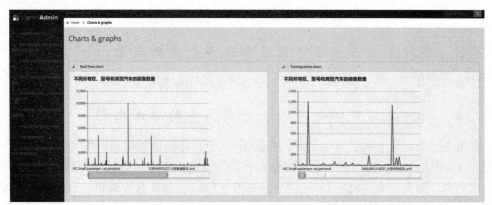

图 17-5　分析不同所有权、型号和类型汽车的销售数量

17.2.6　分析不同车型的用户的年龄和性别

对每个类型的汽车按照用户年龄段和性别进行数量统计,给年龄设置一个区间,用来统计不同车型的用户的年龄和性别,参见图17-6。

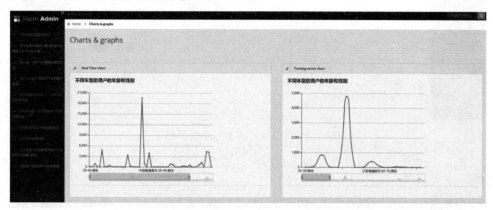

图17-6　分析不同车型的用户的年龄和性别

17.2.7　统计分析不同车型销售数据

需求是统计某一个月份各个类型车辆的总销售量,在这里,我们以9月份为例进行统计,那么需要过滤出9月份的汽车总销售数组,然后按照类型分组,最后针对每组中的数据进行统计即可,参见图17-7。

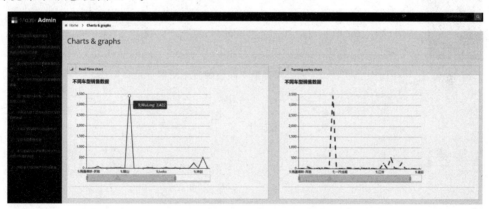

图17-7　统计分析不同车型销售数据

17.2.8　按照不同类型(品牌)汽车销售情况统计发动机型号和燃料种类

若要统计不同品牌车辆的各个发动机型号和燃油种类,那么需要按照品牌、发动机型号和燃油种类进行分组,然后将分组之后的内容输出即可,参见图17-8。

17.2.9　分析同排量不同品牌汽车的销售量

需要统计的是排量相同而品牌不同的车辆的销售情况,那么就需要按照车辆排量和品

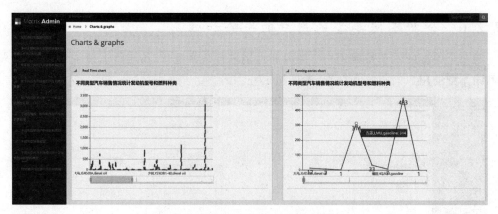

图 17-8　统计发动机型号和燃料种类

牌进行分组,注意先按排量再按品牌进行分组。然后,统计每组的汽车销售数量即可,参见图 17-9。

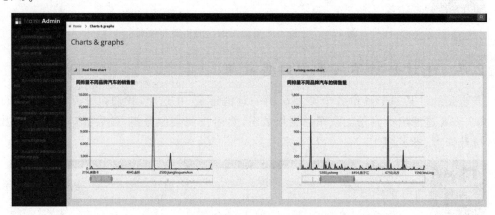

图 17-9　分析同排量不同品牌汽车的销售量

附录 A | 东软客户关系管理系统

A.1 项目概况

客户是公司最宝贵的资源,客户关系管理系统可完成对客户基本信息、联系人信息、交往信息、客户服务信息的充分共享和规范化管理;通过对销售机会、客户开发过程的追踪和记录,提高新客户的开发能力;在客户将要流失时系统及时预警,以便销售人员及时采取措施,降低损失。提供相关报表,以便公司高层随时了解公司客户情况。

A.2 需求说明书

A.2.1 目的

本文档的编写为下阶段的设计、开发提供依据,为项目组成员对需求的详尽理解,以及在开发过程中的协同工作提供强有力的保证。同时本文档也作为项目评审验收的依据之一。

A.2.2 需求规定

1. 非功能性需求

集中数据管理、分布式应用,实现信息的全面共享,为决策者提供最新的人力资源数据。完全基于浏览器的操作模式,安装简单、操作方便,具有良好的系统扩展能力。灵活的模块需求设计,可根据公司实际需求灵活裁剪。对于系统执行的重要操作自动记录操作人和操作日期。操作人默认为当前登录人员。操作日期默认为服务器系统时间。

2. 功能性需求

(1) 系统用例图。

系统用例见图 A-1。

(2) 系统的功能性需求

系统功能的描述见表 A-1。

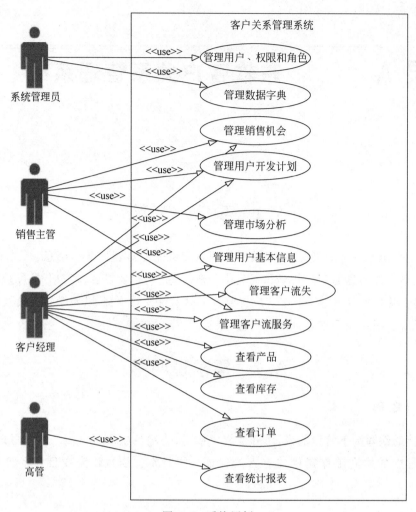

图 A-1 系统用例

表 A-1 系统功能的描述

功 能 名 称	备 注
销售管理	主要包含销售机会的管理和对客户开发过程的管理
客户管理	主要用于客户信息的管理
服务管理	主要用于对服务的创建、分配、处理、反馈和归档
统计报表	用于对客户贡献、构成、服务、流失的统计分析
基础数据管理	用于对数据字典管理、查询产品数据、查询库存仓库等的管理
权限管理	主要用于系统的角色权限管理的工作

销售管理。

销售管理功能需求见表 A-2。

表 A-2 销售管理功能需求

功能需求	
功能名称	销售管理
优先级	高

业务背景	
功能说明	（1）销售机会管理——营销的过程是开发新客户的过程。对老客户的销售行为不属于营销管理的范畴。客户经理有开发新客户的任务,在客户经理发现销售机会时,应在系统中录入该销售机会的信息。销售主管也可以在系统中创建销售机会。所有的销售机会由销售主管进行分配,每个销售机会分配给一个客户经理 （2）客户开发计划——客户经理对分配给自己的销售机会制订客户开发计划,计划分几步开发,以及每个步骤的时间和具体事项。制订完客户开发计划后,客户经理按实际执行计划功能填写计划中每个步骤的执行效果。在开发计划结束的时候,根据开发的结果不同,设置该销售机会为"开发失败"或"开发成功"。如果开发客户成功,系统自动创建新的客户记录
约束条件	
相关查询	
其他需求	无
裁剪说明	不可裁剪

销售管理包括销售机会的管理和对客户开发过程的管理,用例图见图 A-2。

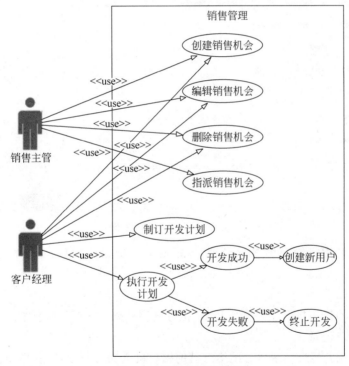

图 A-2　销售管理用例图

销售机会管理

销售机会管理的使用者包括销售主管、客户经理,界面见图 A-3。

修改销售机会:对未分配的销售机会记录可以编辑,界面见图 A-4。

删除销售机会:状态为"未分配"的销售机会可以删除,删除时需要判断当前登录的用户是否为该销售机会的创建人,否则不可删除。

指派销售机会:销售主管根据各客户经理的负责分区、行业特长等对销售机会进行指

图 A-3　销售机会管理功能界面

图 A-4　修改销售机会界面

派。每个销售机会指派给一个客户经理,专事专人。指派成功后,销售机会状态改为"已指派"。

客户开发计划

对"已指派"的销售机会制订开发计划,执行开发计划,并记录执行结果。客户开发成功还将创建新的客户记录。

制订开发计划:客户经理对分配给自己的销售机会制订开发计划,界面见图 A-5。

注:在制订开发计划时,应显示出销售机会的详细信息。客户经理可以通过新建计划项,编辑已经有的计划项,即删除计划项来针对一个销售机会来制订客户开发计划。每个计划项包括两个输入要素:日期和计划内容,都是必输项。日期的输入格式为"2007-12-13"。编辑计划项时,日期不可以编辑。

执行开发计划:完成客户开发计划的制定后,客户经理开始按照计划内容执行客户开发计划,并按时记录执行结果。

开发成功:某个客户开发计划执行过程中或执行结束后,如果客户同意购买公司产品,

图 A-5　客户开发计划功能界面

已经下订单或者签订销售合同,则标志客户开发成功。客户开发成功时,需修改销售机会的状态为"开发成功"。并根据销售机会中相应信息自动创建客户记录。

开发失败:某销售机会在确认客户的确没有采购需求后,或不具备开发价值时可认为"开发失败"。

客户管理

客户管理的子用例图如图 A-6 所示。

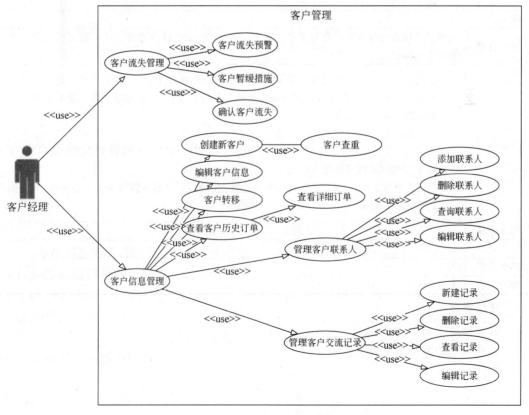

图 A-6　客户管理的子用例图

客户信息管理

客户信息管理功能需求见表 A-3。

表 A-3　客户信息管理功能需求

功能需求	
功能名称	客户信息管理
优先级	高
业务背景	主要编辑客户信息,管理客户联系人,管理客户交往记录,查看客户历史订单
功能说明	(1) 编辑客户信息 (2) 管理客户联系人 (3) 管理客户交往记录 (4) 查看客户历史订单
约束条件	
相关查询	
其他需求	无
裁剪说明	不可裁剪

客户流失管理

客户流失管理功能需求见表 A-4。

表 A-4　客户流失管理功能需求

功能需求	
功能名称	客户流失管理
优先级	高
业务背景	系统自动检查超过 6 个月没有下单的客户,并在本系统中提出预警。订单数据需要从销售系统中获得
功能说明	(1) 客户流失预警——每周六凌晨 02:00 系统自动检查订单数据,如果发现有超过 6 个月没有下单的客户,则自动添加一条客户流失预警记录,客户经理登录本系统后在客户流失管理中就可以看到 (2) 暂缓客户流失——对于系统自动产生的客户流失预警,负责该客户的客户经理要第一时间采取措施,充分了解客户流失的原因,并采取应对措施。然后在系统中使用"暂缓流失"功能点,填写采取的措施 (3) 确认客户流失——如果确实存在不可逆转的因素,客户不可能再购买本公司的产品,则确认该客户的流失
约束条件	
相关查询	
其他需求	无
裁剪说明	不可裁剪

服务管理

服务管理用例见图 A-7。

服务管理功能需求见表 A-5。

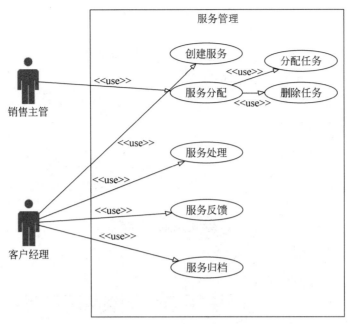

图 A-7　服务管理用例图

表 A-5　服务管理功能需求

功能需求	
功能名称	服务管理
优先级	高
业务背景	服务管理主要分为服务创建、服务分配、服务处理、服务反馈、服务归档
功能说明	(1) 服务创建：客户服务是客户管理的重要工作。通过客户服务我们的销售团队可以及时帮助客户解决问题、打消顾虑，提高客户满意度。还可以帮助我们随时了解客户的动态，以便采取应对措施 (2) 服务分配：销售主管对状态为"新创建"的服务单据进行分配，专事专管 (3) 服务处理：被分配处理服务的客户经理负责对服务请求做出处理，并在系统中录入处理的方法 (4) 服务反馈：对状态为"已处理"的服务单据主动联系客户进行反馈，填写处理结果。客户满意度为 1～5 的值。根据客户满意度不同，服务单据的流转也不同。如果客户满意度大于等于 3，服务单据状态改为"已归档"。如果服务满意度小于 3，服务状态改为"已分配"，重新进行处理 (5) 服务归档：系统可以对已归档的服务进行查询、查阅。便于参考解决类似问题
约束条件	
相关查询	
其他需求	无
裁剪说明	不可裁剪

统计报表

统计报表用例见图 A-8。

统计报表功能需求见表 A-6。

143

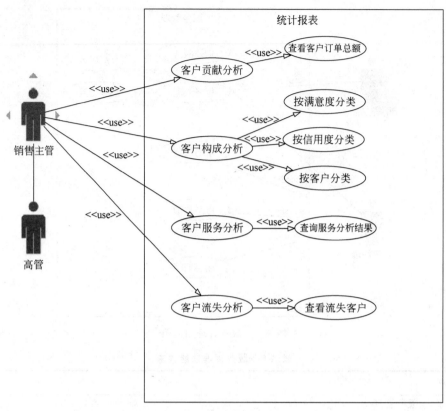

图 A-8　统计报表用例图

表 A-6　统计报表功能需求

功能需求	
功能名称	统计报表
优先级	高
业务背景	主要做各种分析：客户贡献度分析、客户构成分析、客户服务分析、客户流失分析
功能说明	（1）客户贡献度分析：对客户下单的总金额进行统计，了解客户对企业的贡献 （2）客户构成分析：了解某种类型的客户有多少及所占比例 （3）客户服务分析：根据服务类型对服务进行统计 （4）客户流失分析：查看已经确认流失的客户流失记录
约束条件	
相关查询	
其他需求	无
裁剪说明	可完全裁剪

基础数据

基础数据用例见图 A-9。

基础数据功能需求见表 A-7。

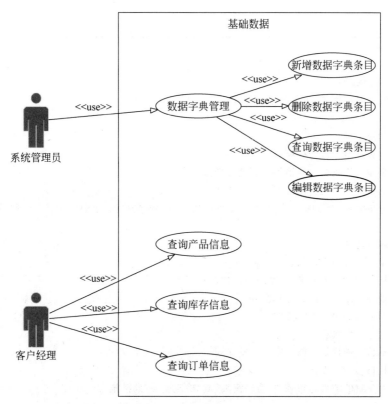

图 A-9　基础数据用例图

表 A-7　基础数据功能需求

功能需求	
功能名称	基础数据
优先级	中
业务背景	包括数据字典管理、产品数据查询(产品数据需要从销售系统获取)、库存查询
功能说明	(1) 数据字典管理:对系统中需要选择输入方式的输入项的候选项,统一通过数据字典来配置。比如服务类型、客户等级等 (2) 查询产品数据:本系统中没有产品数据,需要从销售系统中获得 (3) 查询库存:为了处理客户服务的需要,本系统需要从销售系统中读取并查询库存数据
约束条件	
相关查询	
其他需求	无
裁剪说明	不可裁剪

权限管理

权限管理功能需求见表 A-8。

表 A-8　权限管理功能需求

功能需求	
功能名称	权限管理
优先级	高
业务背景	对系统的使用者提供权限、角色的处理,可以根据前面的需求进行处理,也可以完全省略

146

功能说明	与本系统相关的用户和角色包括： 系统管理员： 管理系统用户、角色与权限，保证系统正常运行 销售主管： 对客户服务进行分配 创建销售机会。对销售机会进行指派 对特定销售机会制订客户开发计划 分析客户贡献、客户构成、客户服务构成和客户流失数据，定期提交客户管理报告 客户经理： 维护负责的客户信息 接受客户服务请求，在系统中创建客户服务 处理分派给自己的客户服务 对处理的服务进行反馈 创建销售机会 对特定销售机会制订客户开发计划 执行客户开发计划 对负责的流失客户采取"暂缓流失"或"确定流失"的措施 高管： 审查客户贡献数据、客户构成数据、客户服务构成数据和客户流失数据
约束条件	
相关查询	
其他需求	无
裁剪说明	不可裁剪

日志管理

日志管理功能需求见表 A-9。

表 A-9　日志管理功能需求

功能需求	
功能名称	日志管理
优先级	高
业务背景	对系统使用者的敏感操作进行记录，对操作员进行操作说明，操作人员，访问的地址或者后台方法（操作）进行记录
功能说明	对客户管理中的删除和修改客户进行捕获，录入日志 对销售管理中销售机会的删除和修改进行捕获，录入日志 对服务管理中的服务删除和修改进行捕获，录入日志
约束条件	
相关查询	
其他需求	无
裁剪说明	不可裁剪

A.2.3　运行环境规定

数据库：MySQL 5.5 以上

软件：eclipse

中间件：Tomcat 9.0

JDK：1.8 版本

A.3　项目计划

A.3.1　目的

本项目开发计划用于从总体上指导东软客户关系管理项目顺利进行并最终得到通过评审的项目产品。针对东软客户关系管理项目，简述了软件功能，说明了项目约束和限制，概述了软件开发过程，明确安排了项目进度计划，预估了项目风险。本项目开发计划面向的读者如下：专家组评估验收人员，项目经理及项目开发人员，项目的风险评估人员。

A.3.2　项目目标

全方位解决方案：利用综合解决方案组合来提高效率，降低成本，同时实现用户的可持续发展目标。让用户了解全面信息，放大价值。

及时高效的过程控制：通过电子化、信息化的消息传递，使得客户购买与分析更加方便，流程化控制，解决服务过程中的各类效率问题，以服务过程中的效率控制为重点，借助信息化手段对服务过程进行在途监控。

问题的事后分析：通过系统记录的各种原始信息，更好地分析客户的流失和应对的策略，有针对性地客户进行管理。

进度控制目标：严格按照计划中规定的时间安排与里程碑控制系统整体进度。

成本控制目标：产品研发成本不得超过计划预算。

产品质量目标：发布产品 BUG 率低于 5％。

技术目标：可复用的业务构建和技术组件期望，构建高兼容性的 HTTP 环境，消息推送组件，构建易用的 JDBC 持久层访问组件。

A.3.3　组织结构

1. 内部角色职责说明

内部角色职责见表 A-10。

表 A-10　内部角色职责

角　　色	职　　责	技 能 要 求
系统管理员	对用户和权限与角色进行管理	熟悉项目管理过程，并具备相当的管理能力和沟通能力
责任设计师	负责需求、设计、编码、测试和实施阶段的主要工作和安排	对于软件工程理解和技术架构设计有相当的能力，有丰富的设计经验
需求调研人员	负责需求调研	对业务相对了解，有丰富的需求调研经验

角　色	职　责	技　能　要　求
设计师	负责子系统的概要设计和详细设计	具备 UML、OO 等设计能力和开发能力
开发工程师	负责系统的详细设计和开发	具备 UML、OO 等设计能力和开发能力
测试负责人	负责测试计划的制订和测试工作的监督	熟悉测试工作,并了解测试人员技能
测试人员	负责系统的测试	熟悉测试工具和测试技巧
实施工程师	负责系统的实施	有相当的部署能力和实施能力
评审组	负责管理类和工程类的评审	

2. 外部干系人利益分析

外部干系人员利益分析见表 A-11。

表 A-11　外部干系人员利益分析

主要利害关系	姓名	在项目中的角色	需求和期望	利益程度	对项目的影响程度
客户		监理	运营信息化	高	高
其他开发商		集成商	产品集成	中	低

A.3.4　任务安排

1. 项目进度计划示例

项目进度计划示例见表 A-12。

表 A-12　项目进度计划示例

任务名称		任务描述	开始时间	结束时间	负责人
项目计划		制订项目计划书	2018-06-29	2018-06-30	
需求分析		分析需求并制定需求规格说明书	2018-07-01	2018-07-04	
原型设计		设计系统原型	2018-07-05	2018-07-07	
数据库设计		设计系统数据库	2018-07-08	2018-07-10	
概要设计		制定系统概要设计说明书	2018-07-11	2018-07-14	
详细设计		制定系统详细设计说明书	2018-07-14	2018-07-15	
平台管理	个人中心	我的资料、登录、注销,修改密码,验证码	2018-07-16	2018-07-20	
	销售机会管理	销售机会创建,分配,删除,查询,指派,制订开发计划,处理开发计划	2018-07-18	2018-07-23	
	客户管理	客户流失:确认客户流失,暂缓流失,流失预警 客户信息:增删改查,客户历史订单,客户联系人管理,客户交往记录	2018-07-16	2018-07-25	
	服务管理	服务创建,服务分配,服务处理,服务反馈,服务归档,满意度评选	2018-07-16	2018-07-22	
	图表管理	对客户交往记录,客户订单记录,客户分类,服务分类,销售机会来源分类,产品销售分类统计	2018-07-22	2018-07-25	
	日志管理	对特殊字段操作进行日志追踪,查看	2018-07-20	2018-07-22	
	数据字典管理	对数据字典进行增删改查	2018-07-23	2018-07-24	
	角色管理	对用户角色进行修改,删除和查看,分配角色	2018-07-24	2018-07-25	
	导入 Excel	使用 Excel 对数据的批量插入	2018-07-24	2018-07-25	

任务名称		任务描述	开始时间	结束时间	负责人
平台管理	登录分功能	验证码使用文字选择,用户密码进行盐值加密	2018-07-22	2018-07-23	
	全局功能服务	shiro 权限控制,短信验证码发送,全局异常处理	2018-07-23	2018-07-26	
功能测试		完成功能测试并制定功能测试报告	2018-07-26	2018-07-27	
性能测试		完成性能测试并制定性能测试报告	2018-07-28	2018-07-29	
操作手册		编写系统操作手册	2018-07-28	2018-07-29	
验收		搭建发布项目版本,负责项目验收	2018-07-30	2018-07-31	

2. 从属计划

(1)沟通计划。

沟通计划见表 A-13。

表 A-13　沟通计划

沟通类型	沟通内容	方　式	频　次	沟通对象
(内部)个人工作汇报	汇报任务完成情况和存在的问题	座谈	每周六	项目组成员
(内部)项目周报	汇报项目进展情况和存在的问题和识别的风险	座谈	每周一	项目组成员
(内部)通知	任命通知、会议通知、基线的建立通知、产品发布通知等	座谈	按进度计划	通知接收人
(内部)电子文档传递	SVN 服务器提交	服务器	按进度计划	项目组成员
(内部)评审会	各类技术评审和管理评审	根据评审计划安排	根据评审计划安排	项目经理
(内外部)会议纪要/备忘录	例会、沟通会、阶段汇报会的纪要和结果	座谈	会议结束当天	会议参与人

(2)风险管理计划。

风险管理计划见表 A-14。

表 A-14　风险管理计划

基本分类	详细分类	具体分类	识别时机	基本处理策略
管理风险	范围或需求风险	项目需求控制不严格,导致项目范围无限膨胀或者超出预定义范围的 30%以上,影响项目进度	项目生命周期	风险规避
	人力风险	项目成员人手不足,休息时间不确定,有很大的随机性	重点发生在各个里程碑点	风险规避
技术风险	开发工具	开发工具不如人意,例如项目刚开始,经常会遇到缓存没更新问题	项目开发初期	风险规避
	实施风险	设计,接口,回掉的参数格式,传入的参数类型与名字	项目开发周期	风险规避

A.3.5　基础架构和支撑平台

操作系统:Windows

数据库管理系统：MySQL 5.5

开发语言与运行平台：Java/SSH

应用服务器：Tomcat 9.0

A.3.6 评审计划

评审计划见表 A-15。

表 A-15 评审计划

评审对象	评审方式	评审组成员
项目计划书	审查	
需求规格说明书	审查	
UI 原型	审查	
数据库设计说明书	审查	
概要设计说明书	审查	
详细设计说明书	审查	
系统代码	审查	
测试报告	审查	

A.3.7 项目开发环境

项目开发环境见图 A-10。

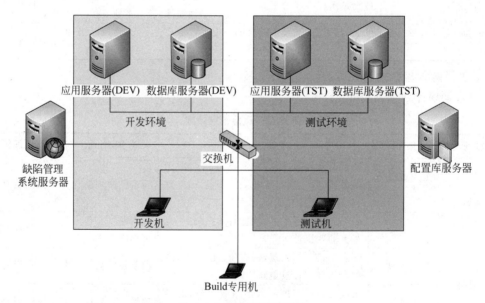

图 A-10 项目开发环境图

项目开发环境设备见表 A-16。

表 A-16　项目开发环境设备

设备用途	配　　置	IP	安 装 软 件	部署应用
开发应用服务器	CPU：双核 内存：4GB 硬盘：500GB	192.168.0.1	Windows Tomcat 9.0	项目部署包
开发数据库服务器	CPU：双核 内存：4GB 硬盘：500GB	192.168.0.2	Windows MySQL 5.5	数据库
测试应用服务器	CPU：双核 内存：4GB 硬盘：500GB	192.168.0.3	Windows Tomcat 9.0	项目部署包
测试数据库服务器	CPU：双核 内存：4GB 硬盘：500GB	192.168.0.4	Windows MySQL 5.5	数据库

项目开发环境资源见表 A-17。

表 A-17　项目开发环境资源

资源类型	软 件 名 称	版　　本	用　　　途
编程开发工具	Eclipse	4.7.2	负责开发代码
文档编写工具	Office	2013	负责编制文档
即时通信工具	QQ	……	负责通信交流
应用服务器	Tomcat	9.0	用户搭建部署环境
数据库	MySQL	5.5	用于构建系统的数据库

A.3.8　产品发布计划

产品发布计划见表 A-18。

表 A-18　产品发布计划

版 本 名 称	发 布 时 间	版 本 内 容
CRM-V1.0.0	2018-07-31	包含 Web 所有功能

A.4　概　要　设　计

A.4.1　目　的

本设计书是从总体上把握"客户关系管理系统"设计框架,包括模块划分、处理流程和接口设计,设计书对上述内容作了总体描述,体现了"客户关系管理系统"的用户需求与应用系统实现之间的关系,在设计过程中起到了提纲挈领的作用,最终实现以下目的:对系统概要设计的阶段任务成果形成文档,以便阶段验收、评审,最终的文档验收;对需求阶段的文档再次确认过程,对前一阶段需求没有做充分或错误的提出修改;明确整个系统的功能框架和数据库结构,为下一阶段的详细设计、编码和测试提供参考依据;明确编码规范和命名规范,统一程序界面。

本设计书预期读者:系统详细设计人员;系统开发人员;软件维护人员;技术管理人

员；执行软件质量保证计划的专门人员；参与本项目开发进程各阶段验证、确认以及负责为最后项目验收、鉴定提供相应报告的有关人员。

A.4.2　总体设计

1. 运行环境

（1）运行环境网络结构说明。

运行环境网络结构见图 A-11。

图 A-11　运行环境网络结构图

（2）运行环境说明细则。

提供 HTTP 访问接口明确的业务规范和业务流程，本软件所有的业务过程都有严格数据接口，具体数据传输采用 HTTP，数据接口采用标准的 JSON 数据格式集成异构系统。

本系统采用 B/S 体系架构，服务器采用 Tomcat 9.0，运行只需在服务器端起动 Tomcat 服务，客户端运行主流浏览器，访问服务器端地址和端口，即可运行。

运行环境设备见表 A-19。

表 A-19　运行环境设备

序号	设备名称	设备型号	数　量	安放位置	支持软件	说　　明
1	数据库服务器	PC	1 台	内网	MySQL 5.5	数据存储
2	应用服务器	PC	1 台	内网	Tomcat 9.0	提供应用业务服务
3	管理员客户端	PC	1 台	内网	IE 11、FireFox、Chrome	系统管理员
4	用户客户端	Pc/IPad/Android Pad	按需	外网	浏览器	执行业务功能

（3）支持硬件。

数据库服务器：Intel core i3，内存 512MB 以上，硬盘 40GB，10MB 网卡。

应用服务器：Intel core i3，内存 512MB 以上，硬盘 40GB，10MB 网卡。

客户端 PC：奔腾双核，内存 1GB 以上，硬盘 50GB，10MB 网卡。

（4）支持软件。

服务器操作平台：Windows 7 以上。

应用服务器：Tomcat 9.0。

客户端：IE 9.0 及以上/火狐及其他浏览器。

网络环境：Internet。

支持协议：TCP/IP、HTTP。

数据库：MySQL 5.5。

支撑环境：JDK 1.8 及以上。

开发工具：Eclipse。

2. 数据库设计

请参见数据库设计文档。

3. 功能模块设计

功能模块见表 A-20。

表 A-20　功能模块描述

功能名称	功 能 描 述	权限要求
注册	注册平台账号，需要填写手机号，短信验证通过后将开通个人账号	
登录	通过短信验证码登录平台，根据用户角色加载功能	
销售机会管理	查看销售机会列表以及客户名称、机会概要等信息 销售主管和客户经理可以新增销售机会信息 该机会的创建人可以删除该销售机会，其他人不可以，但已经分配了负责人的销售机会不可删除 对于未分配负责人的销售机会可以进行编辑操作，已分配的机会不可编辑机会信息 销售主管可以将某个销售机会指派给某个客户经理来开发该客户	销售主管、客户经理、管理员
开发计划管理	客户经理可以查看自己的销售机会任务列表，制订对销售机会的开发计划 对还没有执行结果的计划可以修改计划内容，但日期不可更改 对已有执行结果的计划既不能再编辑也不可删除 对于已确定无法开发的机会可以终于开发。终止开发后不可再编辑 对与开发成功的机会直接添加到客户信息生成一个新客户，开发成功后不可再编辑	客户经理、管理员
客户信息管理	查看客户列表及客户详细信息 新增客户 编辑客户详细信息 删除客户 查看与某客户的交往记录 新增交往记录 编辑交往记录 删除交往记录 查看客户的联系人列表及详细信息 新增联系人 编辑联系人信息 删除联系人 查看与某个客户的交往记录 新增交往记录 删除交往记录 编辑交往记录	客户经理、管理员

续表

功能名称	功能描述	权限要求
客户流失管理	对近6个月来没有下过单的客户进行暂缓流失处理,填写暂缓流失措施 对已确认没有合作意愿的客户进行确认流失处理,填写流失信息以及流失原因	客户经理、管理员
服务管理	客户经理可以创建服务 销售主管分配服务给客户经理处理 客户经理处理销售主管分配的服务 客户经理根据客户的反馈信息填写反馈 查看服务归档列表和归档的服务信息 查看服务列表及服务详细信息	销售主管、客户经理、管理员
报表统计	客户贡献度 客户分类统计 产品销售统计	高管、管理员
数据字典	查看基础数据列表及数据信息 新增基础数据,默认可以编辑 对于可编辑的数据,可以进行编辑修改 对于可编辑的数据可以进行删除 查看数据分类列表和分类信息 对可编辑的分类信息可以进行编辑 对可编辑的分类信息可以进行删除 新增分类信息,默认可以编辑	管理员
日志管理	查看用户操作记录	
权限管理	角色权限管理 为用户分配角色 修改用户角色 删除用户角色	管理员

4. 原型设计

请参见原型设计相关文档。

5. 接口设计

(1) 数据请求接口设计规范。

所有客户端请求统一使用 HTTP,通过请求的 URL 来区分不同功能,不涉及请求方法。

注:个别数据提交接口必须使用 POST 请求方法。

所有请求的 URL 都以所属模块名称的英文开头,如客户信息管理模块就用 /customer/开头。

注:所有接口请求暂不考虑版本相关,后期通过请求头来指定特定版本。

请求接口实例:

接口说明:用户通过手机号和密码进行注册。

请求地址:/user/register。

参数说明:参数说明见表 A-21。

请　求　参　数				
名　　称	字　　段	类　　型	必　　填	说　　明
用户名	username	String	Y	用户名,用作登录账号
手机号	phone	String	Y	注册手机号,用作辅助
密码	password	String	Y	用户注册时设置的密码
验证码	verifCode	String	Y	手机收到平台发送的验证码

（2）数据返回接口设计规范。

所有接口均返回 JSON 结构字符串数据。

通过 success 字段描述请求是否成功（true 成功，false 失败）。

通过 status 字段提供应答码。

通过 data 字段提供实际的应答数据。

数据返回接口示例：数据返回接口示例见表 A-22。

表 A-22　数据返回接口示例

响　应　参　数				
名　　称	字　　段	类　　型	必　　填	说　　明
ID	Id	Long	Y	用户的 ID
用户名	username	String	Y	用户名,手机用户注册时由系统自动生成
姓名	name	String	Y	用户真实姓名
手机号	Phone	String	Y	登录手机号
公司 ID	companyId	Long	Y	
公司名称	companyName	String		
用户类型	userType	Integer	Y	0：普通用户；1：管理员
创建时间	createDate	DateTime	Y	用户注册时间
修改时间	updateDate	DateTime	Y	用户最后的修改时间

响应示例：

```
{
  "data": {
    "companyId": 2,
    "updateDate": 1469962790054,
    "phone": "13888888888",
    "officeId": 2,
    "companyName": "未认证",
    "name": "注册用户",
    "userType": "0",
    "id": 37,
    "delFlag": "0",
    "username": "user_13888888888",
    "createDate": 1469962790054
  },
  "status": 200,
  "success": true
}
```

A.4.3 系统出错处理

1. 出错信息

所有出错信息均以字符串的方式,在系统运行界面中显示。所有出错信息分为三种:

第一种是由于输入错误信息超出或不符合预定格式的错误,属于处理错误;

第二种是由于系统的预设不能执行的错误,属于设定错误;

第三种是由于网路传输超时、服务器响应超时等属于系统错误。

对于处理错误需在操作成功判断及输入数据验证模块由数据进行数据分析,判断错误类型,再生成相应的错误提示语句,送到输出模块中,对于设定错误,应在开始提交信息类别中,依据权限等判定错误类别,再生成相应出错信息语句,输出到输出模块中。对于系统错误,根据 Tomcat 服务器的响应内容,判断错误类别输出。出错信息必须给出相应的出错原因,如:

"用户名或密码错误"

"两次输入的密码不一致"

2. 补救措施

所有的客户机及服务器都必须安装不间断电源以防止停电或电压不稳造成的数据丢失的损失,以致断电时,客户机上不会有太大的影响,主要是服务器上:在断电后恢复过程可采用数据库的日志文件,对其进行 ROLLBACK 处理,对数据进行恢复。在网络传输方面,可考虑建立一条成本较低的后备网络,以保证当主网络断路时数据的通信。在硬件方面要选择较可靠、稳定的服务器机种,保证系统运行时的可靠性。

3. 系统维护设计

维护方面主要为对服务器上的数据库数据进行维护。可使用数据库管理系统的数据库的维护功能机制。例如,定期为数据库进行 Backup,维护管理数据库死锁问题和维护数据库内数据的一致性等。

A.5 数据库设计

A.5.1 目的

本数据库设计说明书是说明关于东软客户关系管理系统数据库设计,指导系统开发及后期运行维护。本说明书将明确数据库逻辑结构设计、数据库的表名、字段名等数据字典信息以及运行环境、安全保密设计等。本数据库设计说明书是根据系统需求分析设计所编写的。用来指导后期的数据库脚本的开发。本文档的读者对象是系统设计人员、开发人员、测试人员、系统运行维护人员等。

A.5.2 外部设计

1. 标识符和状态

数据管理系统:MySQL 5.5

数据库名称:crm

使用它的程序:Navicat Premium

将要使用此数据库的应用系统：东软客户关系管理系统（CRM）

2. 命名约定

所有的数据库命名都是以模块加上具体表的英文词汇组成，这样能够统一数据库表的命名，也能够更好地规范数据库表命名。

3. 数据格式和标准

数据库创建表格时使用 InnoDB 引擎，所有的文本字符集采用的编码统一为 UTF-8。

A.5.3 逻辑设计

1. 权限管理模块

权限管理模块见图 A-12。

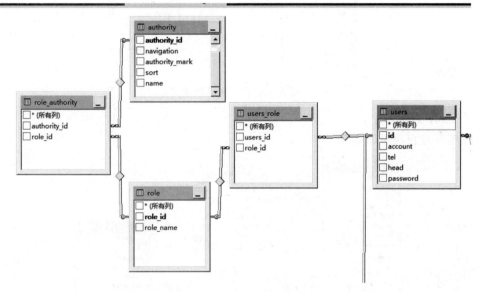

图 A-12　权限管理模块图

2. 客户管理模块

客户管理模块见图 A-13。

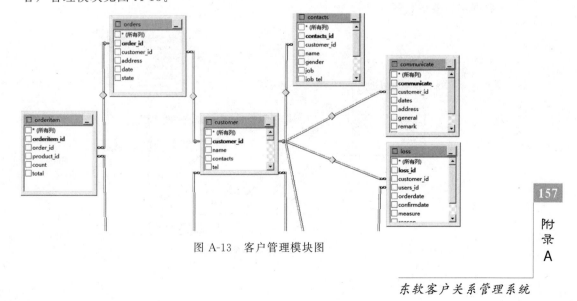

图 A-13　客户管理模块图

东软客户关系管理系统

3. 产品管理模块

产品管理模块见图 A-14。

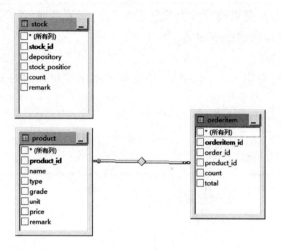

图 A-14　产品管理模块图

4. 服务管理模块

服务管理模块见图 A-15。

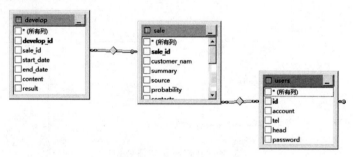

图 A-15　服务管理模块图

5. 数据字典模块

数据字典模块见图 A-16。

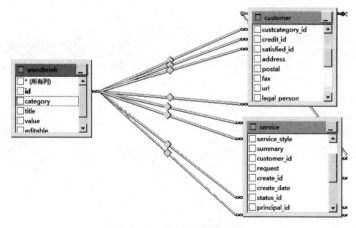

图 A-16　数据字典模块图

A.5.4 表设计

1. 表汇总

数据库表功能说明见表 A-23。

表 A-23 数据库表功能说明

表　　名	功 能 说 明
1. user(用户表)	存储用户的详细信息
2. role(角色表)	存储系统中的所有角色
3. authority(权限表)	存储系统中的所有权限模块
4. user_role(用户角色关联表)	存储用户表和角色表的主键
5. role_authority(角色权限关联表)	存储角色表和权限表的主键
6. customer(客户表)	存储客户的详细信息
7. contacts(联系人表)	存储客户的联系人的详细信息
8. communicate(交往记录表)	存储与客户和企业的交往信息
9. orders(历史订单表)	存储客户的订单信息
10. orderitem(订单详细表)	存储订单表和产品表的主键,对应产品数量和总金额
11. loss(客户流失表)	存储客户流失的情况原因
12. product(产品信息表)	存储产品的信息
13. stock(库存信息表)	存储库存的信息
14. sale(销售机会表)	存储企业和公司建立关系的机会
15. develop(开发计划表)	存储企业为开发客户所做的计划
16. service(服务表)	存储企业为客户的服务记录
17. wordbook(字典表)	存储满意度,信用度,客户来源,服务类型,服务状态,条目,值

2. 表明细

user(用户表)说明见表 A-24。

表 A-24 user(用户表)说明

字　段　名	数据类型	长　度	主外键约束	列　说　明	字　段　描　述
id	int	11	主键	主键,自增	自增 ID
account	varchar	20	非空,unique	登录用的	用户名字
tel	varchar	12			联系方式
head	varchar	190			用户头像,使用的是地址
password	varchar	50	非空		用户密码,通过用户名称和用户明码加密后的密文

role(角色表)说明见表 A-25。

表 A-25 role(角色表)说明

列　　名	数据类型	长　度	主外键约束	列　说　明	字　段　描　述
user_id	int	11	外键	参照用户表	用户编号
role_id	int	11	外键	参照角色表	角色编号

authority(权限表)说明见表 A-26。

表 A-26　authority（权限表）说明

列　名	数据类型	长　度	主外键约束	列　说　明	字段描述
navigation	tinyint	4	非空	默认为 0	非导航，导航标志
authority_id	int	11	主键	主键，自增	权限编号
authority_mark	varchar	50	非空		权限标识
sort	int	11			用户编号
name	varchar	40			角色编号

user_role（用户角色关联表）说明见表 A-27。

表 A-27　user_role（用户角色关联表）说明

列　名	数据类型	长　度	主外键约束	列　说　明	字段描述
user_id	int	11	外键	参照用户表	用户编号
role_id	int	11	外键	参照角色表	角色编号

role_authority（角色权限关联表）说明见表 A-28。

表 A-28　role_authority（角色权限关联表）说明

列　名	数据类型	长　度	主外键约束	主外键约束	说　明
authority_id	int	11	外键	参照权限表	权限编号
role_id	int	11	外键	参照角色表	角色编号

customer（客户表）说明见表 A-29。

表 A-29　customer（客户表）说明

列　名	数据类型	长度	主外键约束	列　说　明	字段描述
customer_id	int	11	主键	自增	客户编号
name	varchar	50	非空	由机会表自动生成	客户名字，一般为公司名称
contacts	varchar	10	非空	自动生成到客户表	联系人，该联系人为首要联系人
tel	varchar	12	非空	自动生成到客户表	联系人的电话
user_id	int	11	外键	外键，参照用户表	客户经理，对应是谁的客户
custcategory_id	int	11	外键	外键，参照字典表	客户分类编号，即选择属于什么级别的客户
credit_id	int	11	外键	外键，参照字典表	信用编号（字典），客户公司的信用情况
satisfied_id	int	11	外键	外键，参照字典表	满意度编号（字典），客户公司的对产品的满意度
address	varchar	50		非空，前端实现	公司地址
postal	varchar	20		非空，前端实现	邮政
fax	varchar	20		非空，前端实现	传真
url	varchar	50		非空，前端实现	网址
legal_person	varchar	15		非空，前端实现	法人
license	varchar	30			执照号码
fund	double				公司注册资金

列　名	数据类型	长　度	主外键约束	列　说　明	字　段　描　述
turnover	Double				营业额
bank	varchar	30		非空,前端实现	银行
bank_number	varchar	30		非空,前端实现	银行账号
state_tax	varchar	30			国税登记号
land_tax	varchar	30			地税登记号
custfrom_id	int	11	外键	外键,参照字典表	客户来源,选择客户来自哪里
change	int	11	非空,default	默认为0,非转移	是否他人转移

contacts(联系人表)说明见表 A-30。

表 A-30　contacts(联系人表)说明

列　名	数据类型	长　度	主外键约束	列　说　明	字　段　描　述
contacts_id	int	11	主键	主键	联系人编号
customer_id	int	11	外键	外键,参照客户表	客户编号
name	varchar	15	非空		联系人名字
gender	varchar	4	非空		性别
job	varchar	17	非空		职位
job_tel	varchar	12	非空		办公电话
calls	varchar	12		先生还是小姐	称呼
phone	varchar	12	非空		手机
remark	varchar	30			备注

communicate(交往记录表)说明见表 A-31。

表 A-31　communicate(交往记录表)说明

列　名	数据类型	长　度	主外键约束	列　说　明	字　段　描　述
communicate_id	int	11	主键	自增	交往记录编号
customer_id	int	11	外键	参照客户表	客户编号
date	date		非空		交往日期
address	varchar	35	非空		交往地点
general	varchar	60	非空		概要
remark	varchar	12			备注
detail	varchar	100			详细信息
file	varchar	200		记录附带的文件	文件

orders(历史订单表)说明见表 A-32。

表 A-32　orders(历史订单表)说明

列　名	数据类型	长　度	主外键约束	列　说　明	字　段　描　述
order_id	int	11	主键	自增	订单编号
customer_id	int	11	外键	参照客户表	客户编号
address	varchar	30	非空		送货地址
date	datetime				签约日期
state	varchar	10	非空	回款/未回款	状态

orderitem(订单详细表)说明见表 A-33。

表 A-33　orderitem(订单详细表)说明

列　名	数据类型	长　度	主外键约束	列　说　明	字段描述
orderitem_id	int	11	主键	自增	订单详细编号
order_id	int	11	外键	参照历史订单表	订单编号
product_id	int	11	外键	参照产品表	产品编号
count	int	11	非空		产品数量
total	double		非空		总金额

loss(客户流失表)说明见表 A-34。

表 A-34　loss(客户流失表)说明

列　名	数据类型	长度	主外键约束	列　说　明	字段描述
loss_id	int	11	主键	自增	客户流失表编号
customer_id	int	11	外键	参照客户表	客户编号
user_id	int	11	外键	参照用户表,经理/销售人	处理人员编号
orderdate	date		非空		最后订单日期,客户购买产品的最近的时间
confirmdate	date		非空		确认流失日期,最后订单日期的六个月后
measure	varchar	50			暂缓措施,对客户的一种挽留措施
reason	varchar	50			流失原因
state	varchar	10		暂缓/流失	状态,由时间的长短确定客户的流失与暂缓

product(产品信息表)说明见表 A-35。

表 A-35　product(产品信息表)说明

列　名	数据类型	长　度	主外键约束	列　说　明	字段描述
product_id	int	11	主键	自增	产品编号
name	varchar	20	非空		产品名字
type	varchar	10	非空		产品型号
grade	varchar	15	非空		等级/批次
unit	varchar	5	非空		单位
price	double		非空		单价
remark	varchar	30			备注

stock(库存信息表)说明见表 A-36。

表 A-36　stock(库存信息表)说明

列　名	数据类型	长　度	主外键约束	列　说　明	字段描述
stock_id	int	11	主键	自增	库存编号
depository	varchar	20	非空		仓库
stock_position	varchar	20	非空		货位、架位
count	int	11	非空		件数
remark	varchar	30			备注

sale(销售机会表)说明见表 A-37。

表 A-37　sale(销售机会表)说明

列　名	数据类型	长　度	主外键约束	列　说　明	字 段 描 述
sale_id	int	11	主键	自增	机会编号
customer_name	varchar	50	非空	自动生成到客户表	客户名称
summary	varchar	20	非空		机会概要,描述客户购买产品的意向
source	varchar	20	非空	网上搜索/电话获取	机会来源
probability	double		default(50%)		成功概率,成功的概率为0~1的小数
contacts	varchar	10	非空	自动生成到客户表	联系人
tel	varchar	12	非空	自动生成到客户表	电话
description	varchar	50			机会描述
create_id	int	11	外键	外键,参照用户表	创建人,本公司创建销售机会
create_date	datetime		非空		创建时间
status	int	11	非空,default(0)	指派1/未指派0	服务状态
deal_id	int	11	外键	外键,参照用户表	负责人(用户表),该销售机会跟踪负责的人
assign_date	datetime				指派时间
state	int	11	非空,default(0)	默认开发失败(0)	开发成功与否

develop(开发计划表)说明见表 A-38。

表 A-38　develop(开发计划表)说明

列　名	数据类型	长　度	主外键约束	列　说　明	字 段 描 述
develop_id	int	11	主键	自增	计划编号
sale_id	int	11	外键	外键,参照销售机会表	销售机会编号
start_date	datetime		非空		开始计划日期
end_date	datetime				结束计划日期
content	varchar(60)	60			计划内容
result	varchar(30)	30			执行效果

service(服务表)说明见表 A-39。

表 A-39　service(服务表)说明

列　名	数据类型	长　度	可否为空	主外键约束	说　明
service_id	int	11	主键	自增	服务编号
servicecategory_id	int	11	外键	外键,参照字典表	服务类型
serve_style	int	11	非空	外键,参照字典表	服务方式
summary	varchar	100	非空		服务概要
customer_id	int	11	外键	外键,参照客户表	客户编号
request	varchar	100			服务请求内容
create_id	int	11	外键	外键,参照用户表(服务是谁创建)	创建人
create_date	date		非空		创建时间

列　名	数据类型	长度	可否为空	主外键约束	说　明
status_id	int	11	外键	外键,参照字典表	服务状态
principal_id	int	11	外键	外键,参照用户表(服务是谁分配给别人)	分配人
principal_date	date				分配时间
deal_content	varchar	200			服务处理内容
deal_id	int	11	外键	外键,参照用户表(服务谁做)	负责人
deal_date	date				处理时间
result	varchar	100			处理结果
evaluate_id	int	11	外键	外键,参照字典表	评价等级

wordbook(字典表)说明见表 A-40。

表 A-40　wordbook(字典表)说明

列　名	数据类型	长度	主外键约束	说　明	字段描述
id	int	11	主键	自增	类型编号
category	int	11	非空	满意度/信用度/客户来源	类别
title	varchar	20	非空	满意度等级	条目
value	varchar	20	非空	1,2,3	值
editable	varchar	4	非空	客户来源不可改,满意度可以改	是否可编辑

A.5.5　表关联设计

有关视图的设计

销售机会视图(sale_info)说明见表 A-41。

表 A-41　销售机会视图(sale_info)说明

列　名	数据类型	长　度	字段描述
sale_id	int	11	销售编号
customer_name	varchar	50	用户名称
summary	varchar	20	服务概要
source	varchar	20	机会来源
probability	varchar	4	成功概率
contacts	varchar	10	联系人
tel	varchar	12	电话
description	varchar	50	机会描述
create_id	int	11	创建人编号
create_date	date		创建时间
status	int	11	服务状态指派1/未指派0
deal_id	int	11	负责人编号(用户表)
assign_date	date		指派时间
state	int	11	开发成功与否默认开发失败(0)
create_man	varchar	10	创建人(用户表)
deal_man	varchar	10	负责人(用户表)

权限列表视图（list_authority）说明见表 A-42。

表 A-42　权限列表视图（list_authority）说明

列　　名	数 据 类 型	长　　度	字 段 描 述
authority_mark	varchar	50	权限标识
sort	int	11	权限角色编号
name	varchar	20	权限名字
role_name	varchar	20	角色名字
authority_id	varchar	4	权限编号
id	int	11	用户编号
role_id	int	11	角色编号
account	varchar	10	用户名字

服务视图（servicevo）说明见表 A-43。

表 A-43　服务视图（servicevo）说明

列　　名	数 据 类 型	长　　度	字 段 描 述
service_id	int	11	服务编号
summary	varchar	20	服务概要
service_style	int	11	服务方式编号
servicecategory_id	int	11	服务类型编号
deal_id	int	11	负责人编号
create_date	date	11	创建时间
status_id	int	11	服务状态编号
account	varchar	10	用户名字
name	varchar	50	客户名字
servicestyle	varchar	20	服务方式
servicecategory	varchar	20	服务类型
status	varchar	20	服务状态

客户库存视图（custAverage）说明见表 A-44。

表 A-44　客户库存视图（custAverage）说明

列　　名	数 据 类 型	长　　度	字 段 描 述
customer_id	int	11	客户编号
customer_name	varchar(50)	50	客户名称
order_id	int	11	订单编号
orderitem_id	int	11	订单详细编号
count	int	11	产品数量
total	double		总金额
date	datetime		购买日期

A.6　详细设计说明书

A.6.1　目　的

本详细设计说明书是对该项目进行详细设计，在概要设计的基础上进一步明确系统结构,详细地介绍系统的各个功能模块,为进行后续的设计和完善作提供方便。

A.6.2 系统模块设计

1. 注册

- 填写账号注册信息,生成个人账号。
- 业务流程:

(1) 用户单击"注册"按钮,系统跳转到"注册"页面;

(2) 用户填写手机,短信验证码,填写用户名,填写用户密码,重复填写用户密码,单击"注册"按钮;

(3) 注册完成。

- 业务规则:

(1) 用户名为中文或者英文字符;

(2) 短信验证码 5 分钟内有效;

(3) 用户注册完成后,系统管理员可以在权限管理模块为该用户设置角色。

2. 登录

- 业务流程:

(1) 用户输入用户名、密码,单击文字验证码进行验证,单击"登录"按钮;

(2) 系统验证账号信息:

(3) 验证通过,进入下一步;

(4) 验证未通过,提示"用户名或密码错误"或者"验证码单击结果有误"。

- 业务规则:

(1) 用户名为注册时设置的用户名。

(2) 验证码按照提示信息的单击顺序单击。

A.6.3 销售机会管理模块设计

1. 查看销售机会列表

- 业务流程:

销售主管或者客户经理在主页左边菜单栏单击"销售机会"下的"销售机会管理",显示销售机会列表,包含编号/客户名/机会概要/机会来源/成功概率/创建日期/负责人/状态等信息。

- 业务规则:

(1) 销售主管及客户经理可以查看销售机会列表信息。

(2) 负责人列如果没有负责人就用指派负责任人的按钮代替,销售主管单击此按钮即可指派负责人。

2. 新增销售机会

- 业务流程:

(1) 在销售机会列表页面上单击"新建销售机会",弹出新建页面;

(2) 填写新建销售机会的信息,单击"确认新建"按钮完成新建销售机会;

(3) 销售机会列表页面自动重新加载刷新。

- 业务规则:

（1）销售主管及客户经理可以新建销售机会。

（2）新建销售机会时，如果有必填项为空，会有相应提示信息。

3. 指派销售机会

- 销售机会被创建后，销售主管需要指派某个客户经理去负责此销售机会的开发。

- 业务流程：

（1）销售主管在销售机会列表页面上对某个销售机会点击"指派"按钮，弹出小窗口；

（2）选择小窗口上的客户经理列表的其中一个客户经理，单击"确认指派"按钮。

- 业务规则：

（1）非销售主管单击"指派"按钮则提示"你不能执行指派操作"；

（2）在小窗上未选择客户经理就单击"确认"按钮则提示"请选择客户经理"。

4. 查看销售机会详情

- 展示此销售机会的详细信息以及针对该销售机会的开发计划。

- 业务流程：

单击销售机会列表"操作"菜单的"查看"按钮，弹出一个窗口显示销售机会所有信息及开发计划信息。

- 业务规则：

查看销售机会详情的窗口不可编辑机会信息。

5. 编辑销售机会信息

- 编辑某个销售机会的信息，已指派负责人的销售机会不可编辑。

- 业务流程：

（1）点击销售机会列表"操作"菜单的编辑功能，弹出一个窗口显示销售机会所有信息，如果是已指派的销售机会则会提示"已分配"；

（2）修改好信息后单击右下角"保存修改"按钮，完成更改；

（3）根据修改情况弹出提示信息显示是否修改成功或者失败。

- 业务规则：

对创建人，创建日期，指派状态，负责人，指派日期，机会状态不可修改。

6. 删除销售机会

- 客户经理或者销售主管可以删除由自己创建的而且未指派的销售机会。

- 业务流程：

（1）用户单击"删除"按钮，弹出警告信息，如果该机会已指派，弹出相应提示信息，如果该机会不是由当前登录用户创建，则提示不可删除；

（2）用户单击警告信息的"确认"按钮，确认删除；

（3）提示删除结果以及刷新机会列表页面。

7. 批量删除销售机会信息

- 批量删除多条销售机会信息，已指派负责人的销售机会不可编辑。

- 业务流程：

（1）用户勾选一个或者多个销售机会；

（2）用户单击表格上方红色"删除"按钮，弹出提示信息，如果选中的机会中有已指派的机会，弹出相应提示信息，如果选中的机会存在不是由当前登录用户创建的，则提示不可

删除;

(3) 用户单击"确认"按钮,确认删除;

(4) 根据删除结果弹出提示信息显示是否删除成功或者失败;

(5) 刷新列表页面。

A.6.4 接口说明

1. 用户注册

- 接口说明:用户通过手机号和密码进行注册
- 请求地址:/insertUser
- 参数说明:

用户注册请求参数说明见表 A-45。

表 A-45 用户注册请求参数说明

请 求 参 数				
名　称	字　段	类　型	必　填	说　明
手机号	tel	String	Y	注册手机号,找回密码时用的
密码	password	String	Y	用户注册时设置的密码
用户名	account	String	Y	用户登录时使用的
验证码	code	String	Y	手机收到平台发送的验证码

用户注册响应参数说明见表 A-46。

表 A-46 用户注册响应参数说明

响 应 参 数				
名　称	字　段	类　型	必　填	说　明
状态	code	Long	Y	返回状态码

响应示例:

```
{
    'code':1
}
```

2. 用户登录

- 接口说明:用户通过用户名、密码和验证码进行登录
- 请求地址:/login
- 参数说明:

用户登录请求说明见表 A-47。

表 A-47 用户登录请求说明

请 求 参 数				
名　称	字　段	类　型	必　填	说　明
用户名	account	String	Y	注册时的用户名
密码	password	String	Y	用户注册时设置的密码
验证码	loc	Int[]	Y	获取验证码点击位置

用户登录响应参数说明见表 A-48。

表 A-48　用户登录响应参数说明

响 应 参 数				
名　称	字　段	类　型	必　填	说　明
信息显示	msg	String	Y	返回操作信息

响应示例：

```
{
    "msg":"重复登录"
}
```

3. 查看客户信息

- 接口说明：根据传入参数，对客户进行查询，并进行分页
- 请求地址：/api/workOrder/findByFinish
- 参数说明：

查看客户信息请求参数说明见表 A-49。

表 A-49　查看客户信息请求参数说明

请 求 参 数				
名　称	字　段	类　型	必　填	说　明
客户名字	name	String	Y	
客户经理 id	UserId	Int	Y	
客户分类 id	custcategoryId	Int	Y	
客户信用度	credit	Int	Y	
客户满意度	satisfy	Int	Y	
客户来源	custfrom	Int	Y	
分页大小	PageSize	Int	Y	一页显示多少条数据
页码	PageNo	Int	Y	查看第几页

查看客户信息响应参数说明见表 A-50。

表 A-50　查看客户信息响应参数说明

响 应 参 数				
名　称	字　段	类　型	必　填	说　明
客户 id	customerId	Int	Y	
客户名字	name	String	Y	
首要联系人	Contacts	String	Y	
联系人电话	Tel	String	Y	
地址	Address	String	Y	公司地址
邮政	Postal	String	Y	
传真	Fax	String	Y	
网址	url	String	Y	公司网址
法人代表	Legal_person	String	Y	
执照号码	License	String	N	
公司注册资金	Fund	Double	N	

响 应 参 数

名　　称	字　　段	类　　型	必　　填	说　　明
营业额	Turnover	Double	N	
银行	Bank	String	Y	
银行账号	Bank_number	String	Y	
国税登记号	State_tax	String	N	
地税登记号	Land_tax	String	N	
是否转移	Change	Int	Y	默认为 0,非转移
客户经理 id	User.id	Int	Y	
客户分类 id	custcategoryI.id	Int	Y	
客户信用度	creditId.id	Int	Y	
客户满意度	satisfiedId.id	Int	Y	
客户来源	custfromId.id	Int	Y	
信息总数	Total	Int	Y	查询条件下,信息总共有多少条
当前页	currentPage	Int	Y	
页面总大小	pageSize	Int	Y	

响应示例:

```
{
    "pager": {
        "currentPage": 1,
        "pageSize": 10,
        "total": 29,
        "param": {
            "name": ""
        },
        "prePage": 0,
        "nextPages": 0
    },
    "list": [{
        "customerId": 1,
        "name": "广东英特尔股份有限公司",
        "contacts": "肖艳",
        "tel": "13748618846",
        "user": {
            "id": 2,
            "account": "楚子航",
            "tel": "13511467831",
            "head": "statics/uploads/head/head.jpg",
            "password": "6d663ea2c387371588a79f49055f7173"
        },
        "custcategoryId": {
            "id": 52,
            "category": 4,
            "title": "客户等级",
            "value": "大客户",
            "editable": "0"
        },
        "creditId": {
```

```
            "id": 7,
            "category": 2,
            "title": "信用度",
            "value": "2",
            "editable": "1"
        },
        "satisfiedId": {
            "id": 4,
            "category": 1,
            "title": "满意度",
            "value": "4",
            "editable": "1"
        },
        "address": "广州市黄埔区科丰路 108 号",
        "postal": "000000",
        "fax": "86 - 519 - 85125379",
        "url": "www.entel.com",
        "legalPerson": "张权旦",
        "license": "null",
        "fund": 6000000.0,
        "turnover": 2500000.0,
        "bank": "中国工商银行",
        "bankNumber": "620162154",
        "stateTax": "null",
        "landTax": "null",
        "custfromId": {
            "id": 41,
            "category": 3,
            "title": "客户来源",
            "value": "当面洽谈",
            "editable": "0"
        },
        "changes": 1
    }
]
}
```

A.7   测 试 文 档

测试记录表（示例）见表 A-51。

表 A-51   测试记录表（示例）

测试者							如果是 BUG	
测试日期	2018/7/30							
项目编号		测试用例	输入	预想输出	实际输出	判定结果	BUG编号	BUG描述
用例编号								
1	用户登录							
	1	登录验证						

东软客户关系管理系统

续表

项目编号	测试用例	输入	预想输出	实际输出	判定结果	如果是 BUG	
用例编号						BUG编号	BUG描述
	正确的用户名和密码	输入正确的用户名和密码	成功登录，跳转到系统首页	登录成功	OK		
	错误的用户名和密码	输入错误的账号或错误的密码	登录失败，显示错误提示	登录失败	OK		
	正确的验证码	按要求顺序单击验证码	登录成功，跳转到系统首页	登录成功	OK		
	错误的验证码	不按顺序单击验证码文字	登录失败，显示错误提示，刷新验证码	登录失败，刷新验证码	OK		
2 我的资料							
1	查看我的资料						
	查看当前登录用户的详细资料	单击"我的资料"菜单选项	跳转到"我的资料"界面，显示用户详细信息	跳转到我的资料界面，显示用户详细信息	OK		
2	修改我的资料						
	不匹配的密码输入	密码与确认密码框中，输入不一致的密码	错误提示：两次输入密码不一致	错误提示：两次输入密码不一致	OK		
	不输入密码，不修改密码	不输入密码，单击保存	保存成功，返回登录界面，原密码登录，登录成功	保存成功，返回登录界面，原密码登录，登录成功	OK		
	用户名为空	不输入用户名，单击"保存"按钮	错误提示：请输入用户名	错误提示：请输入用户名	OK		
	手机号格式验证	输入错误的手机号格式的号码	错误提示：请输入正确格式的手机号	错误提示：请输入正确格式的手机号	OK	2-2-1	未对手机号格式添加验证

A.8 生产环境安装部署

A.8.1 目的

本文档主要描述如何发布"东软客户关系管理系统"项目，本文档仅说明 Windows 平台下的安装部署。

A.8.2 安装包清单

生产环境安装包

-CRM. war

-生产环境安装部署说明. docx

A.8.3 预备条件

1. 操作系统

Windows 7,Windows 10,Windows 2008 R2,Windows 2012,Windows 2012 R2。应安装 64 位操作系统。

2. 硬件需求

内存：4GB+

CPU：Intel i5 系列以上或 AMD 速龙 750k 以上

3. 软件需求

JDK 1.8 以上

Tomcat 9.0 以上

MySQL 5.5 以上

注：安装包中未提供以上软件推荐版本，若开发平台上已安装，则可选择使用平台已安装版本。

A.8.4 后台管理系统安装部署步骤

1. 安装软件并配置

安装 JDK 1.8

请一定配置"JAVA_HOME"环境变量

安装 Tomcat 9.0

安装 MySQL 5.5

注：详细安装配置过程请参考百度信息。

2. 导入数据库文件

创建数据库

创建数据库名称为 crm,字符编码选择 utf8

创建用户名和密码

创建用户名 root/root

导入数据库文件 crm. sql

参见导入说明

3. 发布项目到 Tomcat

把项目包(crm. war)复制到 Tomcat/webapp/目录下。

4. 修改相关配置文件

在项目目录中找到 resource. properties 配置文件,其路径如下：

$ {Tomcat - home}\webapps\CRM\WEB - INF\classes\db_config. properties

打开后,可根据实际需要修改其中数据库连接配置等,见图 A-17。

```
driver=com.mysql.jdbc.Driver
url=jdbc:mysql://localhost:3306/crm
user=root
password=root
```

图 A-17　修改相关配置文件图

其他配置请酌情修改。

5. 启动项目并访问

启动 Tomcat,打开浏览器,访问 http://127.0.0.1:8080/CRM/login.jsp 打开后端管理系统。

参 考 文 献

[1] 中华人民共和国国务院.计算机软件保护条例[N].人民日报,2013-02-22(016).

[2] 中华人民共和国工业和信息化部.软件产品管理办法[J].中华人民共和国国务院公报,2009(28):32-35.

[3] 杜海泓.一部实用的质量法的读本——推荐《中华人民共和国产品质量法实用指南》[J].全国新书目,2001(01):16.

[4] 工信部信息技术发展司.《"十四五"软件和信息技术服务业发展规划》解读[N].中国电子报,2021-12-03(007).

[5] 中共中央办公厅 国务院办公厅.《国家信息化发展战略纲要》[J].中华人民共和国国务院公报,2016(23):6-16.

[6] 齐治昌,谭庆平,宁洪.软件工程[M].北京:高等教育出版社,2019.

[7] 吕云翔.软件工程理论与实践[M].北京:机械工业出版社,2017.

[8] 瞿中.软件工程[M].北京:人民邮电出版社,2016.

[9] 史济民.软件工程-原理、方法与应用[M].北京:高等教育出版社,2019.

[10] 覃征.软件文化基础[M].北京:高等教育出版社,2016.

[11] 骆斌.软件过程与管理[M].北京:机械工业出版社,2012.

[12] 张海藩,吕云翔.软件工程[M].北京:人民邮电出版社,2013.

[13] 叶伟.互联网时代的软件革命-SaaS架构设计[M].北京:电子工业出版社,2009.

[14] 吴晨涛.云计算原理与实践[M].北京:机械工业出版社,2017.

[15] JONES G.软件过程通史:1930-2019[M].李建昊,译.北京:清华大学出版社,2017.

[16] 张海藩,牟永敏.软件工程导论[M].6版.北京:清华大学出版社,2013.

[17] 数字中国发展报告发布我国中小学互联网接入率达100%[J].中国教育网络,2021(05):9.

[18] 王晓涛.《中国互联网发展报告(2021)》发布 大数据产业增幅领跑全球[N].中国经济导报,2021-07-20(005).

[19] SOMMERVILLE I.软件工程[M].程成,等译.北京:机械工业出版社,2013.

[20] 龙浩,王文乐,刘金,等.软件工程-软件建模与文档协作[M].北京:人民邮电出版社,2016.

[21] SCHACH S R.软件工程-面向对象和传统的方法[M].邓迎春,韩松,等译.北京:机械工业出版社,2011.

[22] EBERT C.需求工程实践者之路[M].洪浪,译.北京:机械工业出版社,2013.

[23] BEIZER B. Black-Box Testing[M]. Hoboken:Wiley,1995.

[24] MCCABE T J. A Software Complexity Measure[J]. IEEE Transactions Software Engineering,2006,2(4):308-320.

[25] PRESSMAN R S,MAXIM B R.软件工程实践者的研究方法[M].郑人杰,马素霞,等译.北京:机械工业出版社,2017.

[26] 梁洁,金兰,张硕,等.软件工程实用案例教程[M].北京:清华大学出版社,2019.

[27] SOMMERVILLE I. Software engineering[M]. Reading:Addison-Wesley,2011.

[28] CLEMENTS P, BACHMANN F, BASS L. Documenting Software Architectures:Views and Beyond[J]. Pearson Schweiz Ag, 2010:740-741.

[29] GAMMA E. Design Patterns:Elements of Reusable Object-oriented Software [M]. Reading:Addison-Wesley,1994.

[30] MCCONNELL S. Code Complete[M]. Redmond:Microsoft Press, 2004.

［31］ MELLOR S J. Executable UML：A Foundation for Model-Driven Architecture［M］.影印版.北京：科学出版社,2003.

［32］ 纳尔,洛博.计算机组成与体系结构［M］.黄河,等译.北京：机械工业出版社,2006.

［33］ SILBERSCHATZ A，GALVIN P B，GAGNE G. Operating System Concepts［M］. Hoboken：Wiley,2012.

［34］ ROBIN W.写给大家看的设计书［M］.北京：人民邮电出版社,2009.